川村静児

JN147818

重力波とは何か

アインシュタインが奏でる宇宙からのメロディー

GS 幻冬舎新書 427

重力波とは何か／目次

編集協力　岡田仁志
挿画　Ｓｏｒａ
図版・ＤＴＰ　美創

序章

重力波が見つかった！

アインシュタインの「最後の宿題」が解けた

二〇一六年二月一一日（現地時間）に、すばらしい大発見が発表されました。新聞も一面に大きな見出しを掲げて報道したので、覚えている人も多いでしょう。

米国の研究グループが、「重力波」の直接検出に世界で初めて成功したのです。

この歴史的な偉業を成し遂げたのは、カリフォルニア工科大学とマサチューセッツ工科大学が中心となって建設した「ＬＩＧＯ（ライゴ）」という観測施設でした。正式には「レーザー干渉計重力波観測所（Laser Interferometer Gravitational-Wave Observatory）」といい、ＬＩＧＯはその頭文字から取った略称です。

プロジェクトがスタートしたのは、一九九二年のこと。その前後の七年間、カリフォルニア工科大学に籍を置いていた私も、ＬＩＧＯに参加して検出器の一部を担当していました。ですから今回の発見は、自分のことのように嬉《うれ》しく思っています。以前から「成功すればノーベル物理学賞は確実」といわれていた研究ですから、物理学や天文学の関係者たちも手放しで賞賛しました。

しかし一般の人々にとって、この発見の意味やインパクトはわかりにくいものだったかもしれません。新聞の見出しの大きさはアポロ11号の月面着陸にも匹敵するものでしたが、いきなり重力波といわれてもピンと来ず、「いったい何がそんなにすごいのか？」と首を傾《かし》げた人も多いと思います。

そこで本書では、重力波研究の意義をできるだけわかりやすくお伝えすることにしました。重力波の検出を試みているのは米国のＬＩＧＯだけではありません。私たちも岐阜県の神岡鉱山に「ＫＡＧＲＡ（かぐら）」という重力波検出器を建造し、すでに試験運転を始めていますから、日本人にとっても他人事《ひとごと》ではないのです。ＫＡＧＲＡに関わる研究者として、私にはその研究の価値を広く理解してもらう責任があるといえます。

重力波は、アルベルト・アインシュタインが一般相対性理論によってその存在を予言したものです。論文が発表されたのは、一九一六年のこと。予言どおりに重力波が直接検出されるまで、ちょうど一〇〇年の歳月を要したことになります。

相対性理論の正しさは、これまでにもさまざまな形で裏付けられてきました。一例を挙げるなら、アインシュタインが「光速に近づくと時間が遅れる」と考えたことは、ご存じの方も多いでしょう。相対性理論の中でもいちばん有名なもので、いまだに「にわかには信じられない」といわれるものですが、この理論はすでに実用化されています。カーナビ

［図1］

重力波はアインシュタインの最後の宿題

1916年
一般相対性理論で存在を予言
100年!
2016年
重力波が検出される

やスマートフォンの地図アプリなどで誰でもお世話になっているGPSシステムは、相対性理論に基づく計算によって人工衛星の時計を調整しないと時間がズレてしまい、結果的に距離にも狂いが生じます。GPSが正確に作動しているのは、アインシュタインが正しかった証拠にほかなりません。

それ以外にも相対性理論はさまざまな予言をしていますが、最後に残った「宿題」が、重力波の検出でした。それが一〇〇年かけて本当に「ある」と証明されたことによって、アインシュタインの理論の正しさがさらに深く裏付けられたことが、今回の発見の第一の意義です。

光でなく重力波で宇宙を見る、新しい天文学

ただし、この発見の意味はそれだけではありません。もう

相対性理論の予言を検証することだけが目的だとすれば、もう重力波の検出実験を続け重力波の検出実験を続ける必要はないでしょう。しかし、ＬＩＧＯが引き続き観測を続けているのはもちろん、日本や欧州でも同じような研究が行われています。重力波研究の目的は、「発見」だけではないからです。むしろ、存在が証明された重力波をこれから「使う」ことのほうが大事だともいえるのです。

そもそもアインシュタインの予言した重力波が存在すること自体は、一九七〇年代に間接的な形では証明されていました。詳しくはのちほど説明しますが、重力波が存在すると考えなければ起こり得ない天体現象が観測されたのです。

でも、「ある」とわかっただけでは、重力波を「使う」ことはできません。それを使って何かをするためには、直接検出する必要があります。

では、重力波は何に使うことができるのでしょうか。

およそ四〇〇年前にガリレオ・ガリレイ（一五六四〜一六四二）が初めて空に望遠鏡を向けて以来、天文学の世界では、これまでさまざまな「電磁波（光）」を使って宇宙を観

測してきました。

電磁波には、波長の違いによって異なる名前がつけられています。光学望遠鏡でキャッチする可視光も、電磁波の一種。可視光だけではとらえられない天体現象もたくさんあるため、さまざまな波長の電磁波を「見る」ことのできる電波望遠鏡、赤外線望遠鏡、X線望遠鏡などがつくられてきました。それぞれの電磁波を使う分野は、「電波天文学」「赤外線天文学」「X線天文学」などと呼ばれます。

重力波の使い途《みち》は、その電磁波と同じだと思ってもらえばいいでしょう。宇宙には、電磁波では観測できない天体現象があります。たとえばブラックホールは強い重力によって光も吸い込んでしまうので、電磁波では観測することが困難です。しかしそこから重力波が出ていれば、それをキャッチすることで、電磁波では見えない世界が見える可能性があります。

それこそ、重力波研究の最大の目的にほかなりません。重力波検出器とは、いってみれば「重力波望遠鏡」なのです。その望遠鏡を使って宇宙を観測する「重力波天文学」を始めるために、まずは重力波を直接検出することが必要だったのです。

ですから今回のＬＩＧＯによる重力波検出は、アインシュタインの正しさを裏付けたと同時に、新しい天文学の幕開けにもなりました。

実際、LIGOは重力波を検出することで、それまで見つかっていなかったものを発見しています。「ブラックホール連星」です。これは近接する二つのブラックホールがお互いのまわりをぐるぐると回転する天体現象で、「そういうものがあるだろう」と思われてはいましたが、観測されていませんでした。

LIGOが初めてキャッチした重力波は、そのブラックホール連星の合体によるものと考えられます。したがってLIGOは、重力波とブラックホール連星を同時に「発見」したといっていいでしょう。重力波天文学が始まった瞬間に、その分野で最初の成果を挙げたことになるわけです。

宇宙の「始まり」も見られるようになるはず

重力波天文学は、電磁波を使う従来の天文学とはまったく違う可能性を秘めています。重力波天文学では単に宇宙にある天体を観測するだけではなく、宇宙そのものの「始まり」を見ることができるはずなのです。

電磁波も重力波も、出発した瞬間に私たちのところに届くわけではありません。どちらも光速で伝わるので（秒速三〇万キロメートルという猛烈な速さではありますが）、遠ければ遠いほど、届くまで時間がかかります。

そのため、私たちは遠くの天体の「現在」を見ることはできません。一〇〇万光年離れた星から届く光は、一〇〇万年前のものです（ちなみに太陽から地球までは光速で約八分かかるので、私たちが見ているのは八分前の太陽です）。したがって、遠くを見るほど「昔の宇宙」を見ていることになります。ならば、望遠鏡の性能を高めてどんどん遠くを見ていけば、やがて宇宙誕生の時代にたどり着くことになります。それは、いまから約一三八億年前であることがわかっています。

ところが、ある事情によって、宇宙誕生から三八万年までの姿は直接光で見ることができません。その時代の宇宙は、光がまっすぐに飛ぶことができず、現在の地球にそのままでは届かないからです。

それに対して、重力波は宇宙誕生の瞬間からまっすぐに飛ぶことができました。そこが、光との大きな違いです。ですから、重力波望遠鏡の性能さえ上げれば、宇宙誕生の瞬間をキャッチできるに違いありません。それによって、私たちは自分たちの暮らす宇宙がどのようにして始まったのかを理解できる可能性があるのです。

しかし、そのあたりの話は本書の後半でじっくりすることにしましょう。まずは基本的なことからお話ししていこうと思います。

そもそも、重力波とはいったい何なのか。

それを検出するのに、なぜアインシュタインの予言から一〇〇年もかかったのか。

検出するには、どんな技術や工夫が必要なのか。

そういった話を通じて、これから始まる重力波天文学への理解と興味が深まることでしょう。宇宙を研究することの面白さや興奮を味わっていただければ幸いです。

第一章

重力波とは何か

ニュートンは「万有引力の法則」で重力の働きを説明

重力波の存在は、アインシュタインの一般相対性理論によって予言されました。ただし、それがこの理論の主たる目的だったわけではありません。

一般相対性理論は、「重力」という現象自体を説明するものです。そのためにつくり上げた方程式を解いてみたら、重力現象によって重力波が出ることがわかりました。だから、重力波が本当に存在すれば、重力を説明するその方程式も正しい——ということになるわけです。

重力を説明する理論をつくったのは、アインシュタインが初めてではありません。よく知られているとおり、一七世紀にはアイザック・ニュートン（一六四三〜一七二七）が「万有引力の法則」を発見しました。万有引力とは、まさに重力のことです。

たまに勘違いしている人がいるのですが、ニュートンは重力そのものを発見したわけではありません。物体が地面に落下する現象は、それ以前から研究されていました。たとえばニュートンより少し前の時代に活躍したガリレオ・ガリレイは、斜面で球を転がす実験を盛んに行い、その速度変化などを調べています。

また、惑星の動きを研究したヨハネス・ケプラー（一五七一～一六三〇）は、太陽と惑星のあいだに磁石と同じような力が働いているのではないかと考えました。

地球を宇宙の中心に置いて天体の動きを考える天動説に代わって地動説が登場した当初、太陽のまわりを回る惑星は円軌道を描くと思われていました。しかし、それを前提にすると、地動説は天動説ほどきちんと惑星の動きを説明できません。

そこでケプラーは、惑星が楕円軌道を描いていると考えました。そして、惑星の公転速度が太陽に近いほど速く、遠いほど遅くなることを明らかにします。ケプラーは、太陽と惑星のあいだに磁石のような力が働いているのだろうと考えました。磁石の力も、近いほど強く、遠いほど弱くなるからです。

しかしケプラーは、その力が何なのかは解明できませんでした。この問題を解決したのが、ニュートンの発見した「万有引力」です。

ニュートンは、木からリンゴが落ちるのも、惑星が太陽のまわりを回るのも、同じ力の働きによるものだと気づきました。それまでは地上と天上が別々の法則に支配されていると考えられていましたが、ニュートンの万有引力の法則によって、重力が宇宙全体で同じように働くことが明らかになったのです。

リンゴが木から落ちる現象と、惑星が太陽のまわりを回る現象は、一見すると同じものとは思えません。しかし、十分な速度で投げればリンゴは地球のまわりを回るでしょうし、十分な速度がなければ惑星は太陽に向かって落ちていくでしょう。どちらも、自分自身と地球や太陽がお互いに重力によって引っ張り合うことで起きる現象なのです。

アインシュタインの「生涯で最高の思いつき」

一九世紀まで、ニュートンの万有引力の法則は重力の働きを完全に説明していると思われていました。ただしその理論は、万有引力が働く仕組みを説明してはいたものの、力がなぜ生じるのかまでは説明していません。重力現象を理解することはできても、重力という力の「本質」まではわからなかったのです。

その本質を明らかにしたのが、アインシュタインの一般相対性理論にほかなりません。その理論は、アインシュタイン自身が「生涯で最高の思いつき」と語ったアイデアをきっかけにして生まれました。「自由落下する人は重力を感じない」

これが、その「思いつき」です。しかしこれだけでは、何をいっているのかわからない人も多いでしょう。たとえば屋根から人が落ちるのは「自由落下」です。落下するのは地球の重力があるからです。それなのに「重力を感じない」というのは、いかにも奇妙なことのように思えます。

そこで、アインシュタインの思いつきを理解するために、リンゴを持ってエレベーターに乗った状態を想像してみましょう。

まず、停止しているエレベーターの中でリンゴから手を離すと、どうなるか。これは考えるまでもありません。当然、リンゴは床に落下します。それを見れば、「重力がある」と実感できます。

では次に、そのエレベーターを吊《つ》り下げているロープが切れた状態を考えてみてください。現実に起きればやがて地面に激突して大惨事になってしまいますが、これは思考実験なので、下に地面はなく、エレベーターはどこまでも落ち続けることにします。

ロープの切れていないふつうのエレベーターでも、下降を始めたときに自分の体が浮くような感覚を味わったことは誰にでもあるでしょう。ある方向への加速度運動があると、それとは逆向きの力が働くからです。

重力に引っ張られて自由落下するのは加速度運動ですから、ロープの切れたエレベーターが落下すると、そこには逆向きの力が働きます。そのため、手を離してもリンゴは床に

［図2］

重力は消せる？

ではいったい重力の本質は？

向かって落下しません。停止中は床に足をつけていた自分も、リンゴといっしょに宙に浮きます。もちろんエレベーターには窓がないので、自分が乗っている箱が「落ちている」ことはわかりません。

この状況で、はたして重力の存在を感じることができるでしょうか。

私たちにはあらかじめ得た知識があるので、リンゴや自分が宙に浮けば、「エレベーターが落下している」と論理的に結論を出すことができます。しかし、もし最初からロープの切れたエレベーターのような場所で生まれ育った人がいたとしたら、重力のことなどまったく考えないはずです。そこに、重力は「ない」のです。

重力が消えたエレベーターの中では何が起きるか

これが、アインシュタインの「思いつき」です。二〇世紀最大の天才物理学者は、重力が「消せる」ことに気がついたのです。

このアイデアから生まれた一般相対性理論は、ニュートンが説明できなかった重力の「本質」を明らかにするものになりました。

では、重力の本質とは何なのか。

ふつう、重さのある物体同士がお互いを引きつけ合うのが重力だと思われています。この本を手に取ったみなさんの多くも、そうでしょう。しかしその常識は、エレベーターの思考実験であやふやなものになりました。停止中のエレベーターで感じられた重力が、自由落下するエレベーターでは感じられない。重力が「ある」のか「ない」のか、よくわかりません。かつて魯迅《ろじん》が『故郷』の中で「希望」について語った言葉を思い出したりもします。

希望とは、もともとあるものとも言えぬし、ないものとも言えぬ。

[図3]

リンゴが上下左右に4個あると?

それは地上の道のようなものである。
地上にはもともと道はない。歩く人が多くなれば、それが道となるのだ。

重力も、「ある」とも「ない」ともいえない道のようなものかもしれません。

ただし、ここで曖昧になったのは物体と物体のあいだに働く「引力」の存在であって、重力そのものではありません。自由落下するエレベーターの内部では、たしかに地球がリンゴや人を引き寄せる引力が消えました。しかし実をいうと、すべての重力現象が消え去るわけではないのです。

それを知るために、こんどはリンゴを四つ用意して、ロープの切れたエレベーターに乗ってみましょう。手を離せばリンゴはプカプカと浮くので、

［図4］

観測者から見るとリンゴの位置が変化する

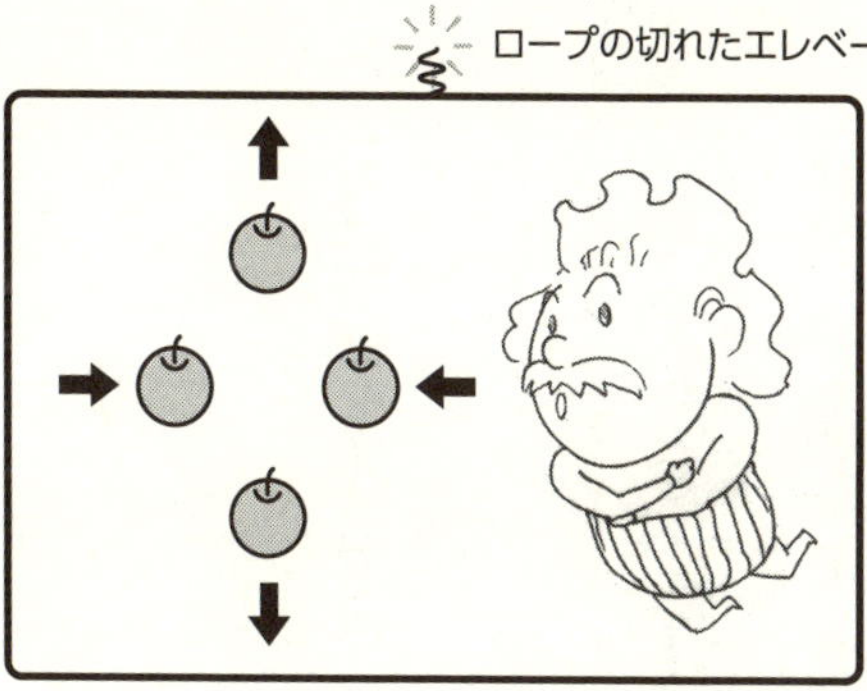

それを図3のような形で上下左右に並べます。時間が経過したとき、そこに何か変化は生じるでしょうか（ここでは、リンゴ同士のあいだに働くごくわずかな引力は無視することにします）。

エレベーター内部では地球からの引力を感じないとはいえ、四つのリンゴが（エレベーターといっしょに）地球に向かって落ちていることは間違いありません。そして、引力は距離が遠いほど弱くなります。とすると、上にあるリンゴのほうが下にあるリンゴよりも地球から受ける引力は弱くなります。したがって、下のリンゴのほうが速く落ちます。

ただしエレベーター内部では地球の引力が消えているので、下のリンゴが先に「落ちていく」ようには観察されません。プカプカ浮いた状態のまま、上下のリンゴの間隔が徐々に開いていくように見えるはずです。

一方、左右に並んだリンゴはどうなるか。こちらも、そのままの状態ではいられません。二つのリンゴは、徐々にお互いの距離を縮めていきます。これは、お互いの引力で引っ張り合っているからではありません。それぞれ地球の中心に向かって引っ張られるので平行には落下せず、少しずつ近づいていくのです（図4）。

重力の本質は空間を歪ませる「潮汐力」

エレベーター自体が自由落下していることを知らない内部の人にとって、これは実に不思議な現象に見えるでしょう。空中に浮かべた四つのリンゴが、外からは何も力を加えていないのに、その位置を変えてしまうのです。まるで空間そのものが歪《ゆが》んで、リンゴのつくる菱形《ひしがた》が長細く変形していくように感じられるに違いありません。

実は、この「空間の歪み」こそが重力の本質です。地球の引力は消すことができ、「ある」のか「ない」のか判然としませんが、リンゴが可視化した空間の歪みはどうやっても消すことができません。明白に「ある」といえる揺るぎない現象なので、これを重力の本質と考える。重力とは、「空間を歪ませる力」なのです。

［図5］

潮の満ち引きはなぜ起こるのか?

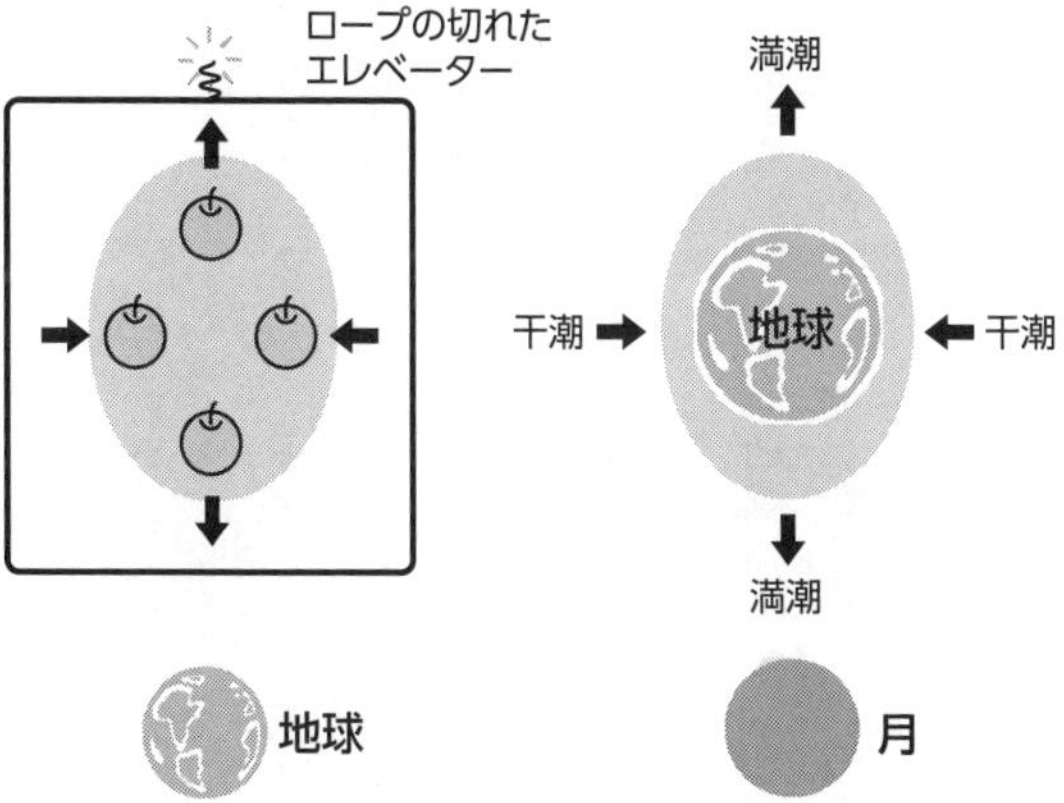

そういわれても、すぐにはピンと来ないかと思います。日常的な世界では「物が下に落ちる」のが重力現象ですし、空間の歪みなど実感することもありません。

しかし身近な自然現象の中にも、四つのリンゴと同じ空間の歪みを見せてくれるものがあります。それは、潮の満ち引きです。

潮の満ち引きが「月の引力によって起きる」ことを知っている人は多いでしょう。でも、それを誤解している人も少なくありません。「月が近づくと満潮になり、月が離れると干潮になる」と思い込んでいる人がよくいるのです。

潮の満ち引きが起こるのは、そういうメカニズムではありません。図5のように、月と地球と海の関係を先ほどの思考実験の構図と並べてみれば、何が起きているかわかります。思考実験では、リンゴ四つを乗せたエレベーターが地球に向かって落下しました。それと同じように、海に囲まれた地球が月に向かって落下します。ふつうは月が地球のまわりを回っていると考えるので、「地球が月に落下する」のはイメージしにくいでしょう。しかし、重力で引き合う物体はお互いに向かって「落下している」のと同じことです。

エレベーターの思考実験では、重力によって空間が歪んだ結果、リンゴのつくる菱形が縦方向には伸び、横方向には縮みました。このリンゴの動きを海に当てはめれば、潮がどのように満ち引きを起こすかは明らかです。縦方向には長く伸びるので海が膨らんで満潮になり、横方向には縮まるので干潮になる。月の重力によって、地球のまわりの空間がそのように歪むので、満ち引きが起こるのです。

この潮の満ち引きが典型例なので、このような力のことを「潮汐力《ちょうせきりょく》」と呼びます。エレベーターに浮かぶリンゴの配置も、潮汐力を受けて変化しました。空間を歪ませるこの力は、消すことができません。潮汐力による空間の歪みが、重力の本質なのです。

リンゴが木から落ちたり、惑星が太陽のまわりを回ったりする現象も重力によるものです。それが「空間の歪み」によって起こるというのは、すぐには飲み込めない話かもしれ

［図6］

重力の本質は潮汐的な空間の歪み

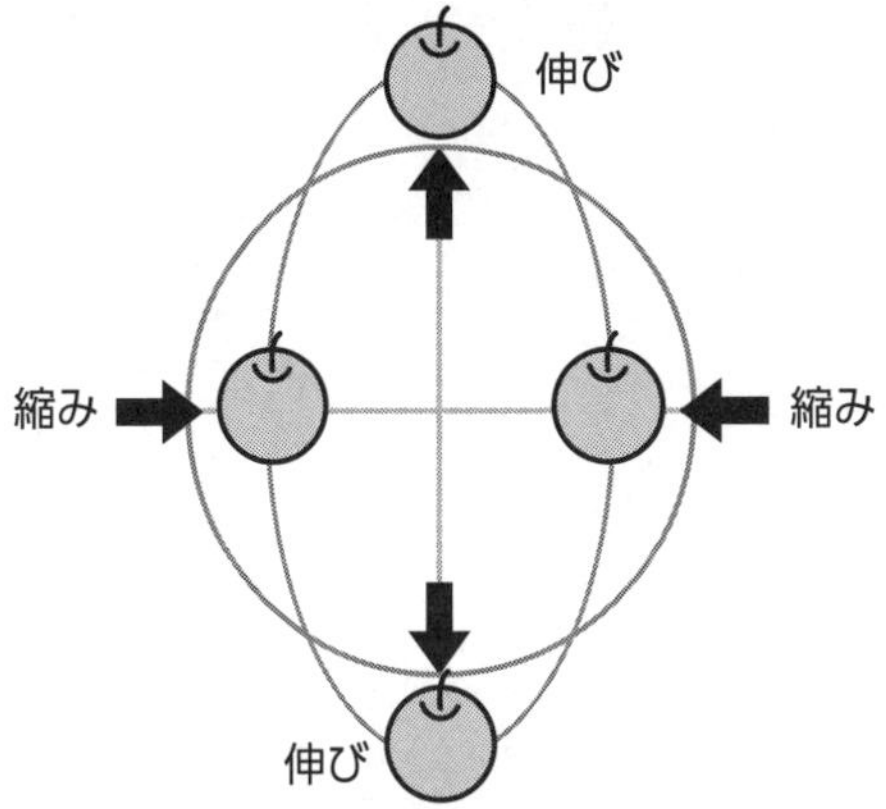

ません。

これは、空間が歪むことによって「物体の進む方向が変わる」のだと思えば、納得できると思います。もし太陽のまわりの空間が歪んでいなければ、惑星は進行方向を変えることなくまっすぐに進み、太陽から離れていくはずです。

しかし実際には、質量のある場所の周辺は空間が歪み、その近くを通る物体の進むコースを曲げてしまいます。だから惑星はグルグルと太陽のまわりを回るのです。その速度がもっと遅かったり、太陽の重力がもっと強かったりすれば、惑星は太陽に向かって落ちていくでしょう。逆に、地上のリンゴは速度が遅いので落下しますが、もし十分な速度があれば、地球のまわりをグルグルと回るのです。

空間の歪みの変化を光速で伝えるのが重力波

さて、重力の本質がわかったところで、本題に入りましょう。重力によって空間が歪むと、どうして重力波が出るのでしょうか。

質量を持つ物体があるとそのまわりの空間が潮汐的に歪みますが、それだけでは重力波は発生しません。この歪んだ空間のことを「重力場」といいます。リンゴをやわらかい座布団の上に置くと、座布団の表面がへこむようなものだと思えばいいでしょう。

座布団のリンゴを動かすとへこみ具合が変わるのと同じように、物体が動くと重力場の様子が変わります。しかしその重力場の変化は、物体の動きと同時に遠くまで伝わるわけではありません。これは、座布団よりも水面の波にたとえたほうがイメージしやすいかもしれません。水面に物体を浮かべると、そこに生じた歪みが「波」となって徐々に遠くまで伝わっていきます。

それと同じように、物体の動きによって空間の歪み方が変わると、それが徐々に波のように広がっていきます。図7のように、空間が潮汐的な伸び縮みをくり返しながら、光速

［図7］

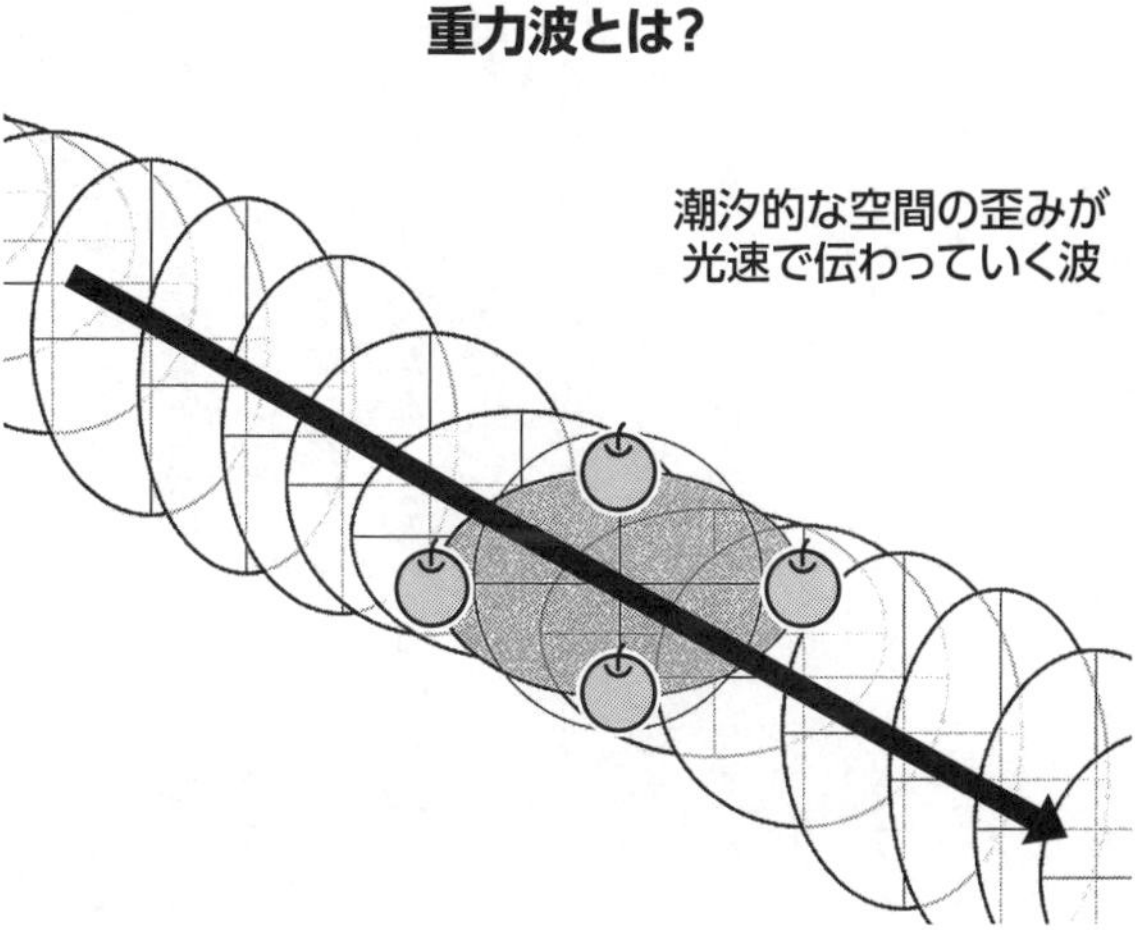
重力波とは?
潮汐的な空間の歪みが
光速で伝わっていく波

で伝わっていくのです。これが、重力波にほかなりません。

重力と重力波の関係は、電磁気力と電磁波の関係とほぼ同じようなものです。

電磁波の存在は、一九世紀に電磁気学を確立した英国の理論物理学者ジェームズ・クラーク・マクスウェル（一八三一～一八七九）によって予言されました。そのあたりも、アインシュタインが理論的に予言した重力波と似ています。ドイツの物理学者ハインリヒ・ヘルツ（一八五七～一八九四）によってその電磁波が発見されたのは、一八八八年のことでした。

電磁波は、プラスやマイナスの電荷を持つ物質が動いたときに発生します。電荷を持つ物質が動くと、そのまわりにある電場に変化が生じ、それが徐々に遠くへ伝わっていく。それが光速で伝わることや、真空中でも伝わることなども、重力波と同じです。

ただし、重力波には電磁波とは異なる性質もいくつかあります。その中でもとくに重要なのは、重力波が「何でもすり抜ける」という点です。

序章でも述べたように、約一三八億年前に誕生した宇宙には、およそ三八万年間、電磁波（光）がまっすぐに飛べない時代がありました。それは、電磁波がほかの物質と相互作用を起こしやすいからです。

相互作用とは、簡単にいえば「ぶつかる」ということです。初期の宇宙には、電磁波の行く手を邪魔する物質が満ちあふれていました。そのため電磁波が散乱してまっすぐに進むことができず、その時代からは光が地球まで届かないのです。

しかし重力波はほかの物質とほとんど相互作用を起こしません。行く手に何かあってもそれをすり抜けてまっすぐに伝わります。だから、電磁波では見ることのできない時代の宇宙の様子を、重力波なら見ることができるのです。

重力波は身近にあるが、きわめて微弱で検出が難しい

質量のある物体があれば重力場が生じ、その物体が動けば重力波が出るのですから、これは決して特殊な現象ではありません。

私たちの身のまわりにある物体は（もちろん自分自身の身体も含めて）、すべて質量があります。たとえばこの本にも質量があるので、その存在によって空間は歪んでいます。あなたがページをめくれば「質量のある物体」が動くので、そのたびに重力波が発生しています。

ここで勘違いしてはいけないのは、「物体が動かなければ、重力があっても重力波は出ない」という点。たとえばこの本がテーブルの上に置いてあり、そこで微動だにしていなければ、（重力場は生じますが）重力波は出ません。物体が動いたときに、それに伴う重力場の変化を伝えるのが重力波です。

ただし、物体が動いていれば必ず重力波が出るというわけでもありません。重力波が出るのは、物体が「加速度運動」をするときです。等速運動の場合は、どんなに速く動いても重力波は出ません。たとえば止まっていた物体が動き出せば、それは加速度運動。ですから、椅子に腰掛けていたあなたが立ち上がったりすれば、重力波は出ます。

そんなことで出るのであれば、重力波を見つけるのは簡単ではないか——そう思う人もいるかもしれません。そこら中で重力波が出ているはずなのに、アインシュタインの予言から直接検出まで、どうして一〇〇年もかかったのでしょうか。

それは、重力波がきわめて微弱だからです。

そもそも重力というものが、強いものではありません。私たちは重力のせいで地面にくっついているのでその影響を強く感じますが、たとえば電磁気力の強さを一とすると、重力の強さはわずか一〇のマイナス三六乗。小数点の下に〇が三五個もつくのです。

たとえば金属製のクリップは下から地球の重力で引っ張られていますが、小さな磁石を上にかざしただけで、その重力を振り切って上に飛び上がるでしょう。大きな地球が小さな磁石に負けるほど、重力は弱いのです。もし重力が電磁気力並みに強くなったら、私たちはその場から一歩も動くことができません。

地球ほど大きな物体なら重力も強くなるので、そこに物が吸い寄せられるのを確認できます。しかし、小さな物体同士のあいだに働く重力は日常レベルでは観測できません。先ほどの思考実験でも、宙に浮いたリンゴ同士のあいだに働く重力は無視できるほど小さいものでした。

重力波も、それと同じようなもの。動く物体の質量が大きいほど、また、その動きが速いほど、重力波は強くなりますが、私たちが飛んだり跳ねたりしたくらいでは、どんなに体重の重い人でも、観測できるような重力波は生じません。

では、たとえば長さ一〇メートル、重さ一トンの棒をつくって、秒速一〇〇回転で振り回したら、どうでしょう。現実的にはかなり無理のある設定ですが、重いものを速く動かすのですから、かなりの重力波が出そうです。

しかし、それでも大したことはありません。それによって生じる重力波は、空間を一〇のマイナス四〇乗メートルほど歪ませるだけ。それを検出するのは、現在の技術では不可能です。検出できるほどの強い重力波を人工的に発生させようと思ったら、「ミニ・ブラックホール」をつくり出して、それを光速に近いスピードで回転させるような技術が必要です。ブラックホールは猛烈に密度が高いので、小さくても大変な質量になります。

でも、そんな技術が人類の存続中にできるとは思えません。仮にできたとしても、ブラックホールは、その強い重力によって光さえも脱出できない存在です。ミニ・ブラックホールに地球自身が飲み込まれてしまったのでは、元も子もありません。どんなに技術が発達しても、検出できるほど強い重力波を人工的につくるのは難しそうです。

「超新星爆発」で強い重力波が発生する?

しかし宇宙に目を向ければ、地球上ではあり得ないような、とてつもなくスケールの大きな重力現象が存在します。巨大な天体が激しく運動すれば、その空間の歪みから生じる重力波も強いものになるでしょう。

そのような天体現象の中でも、直接検出できる重力波源としてとくに期待されているのは、中性子星連星、超新星爆発、ブラックホール連星などです。これらはいずれも「星の一生」と関係が深い天体なので、その話を簡単にしておきましょう。

太陽のように自分自身で光る星(いわゆる恒星)は、核融合反応によってエネルギーを生み出していますが、これは永遠には続きません。やがて、それ以上は核融合を起こせない状態になります。すると、自分自身の重力に耐えられません。

核融合しているあいだは、そのエネルギーによって中心部に向かう圧力を支えているのですが、そのエネルギーがなくなると中心部分に物質が落ち込むなど、星の構造が大きく変わります。「寿命」を迎えた星の最期は、星が生まれたときの重さによって異なります。

太陽程度の重さの星は、水素が燃えてヘリウムなどがたまってくると、ガスが膨張して「赤色巨星」と呼ばれる状態になります。太陽も、およそ五〇億年後には寿命を迎えて、地球の軌道を飲み込むほどの大きさまで膨張するといわれています。そして外層のガスは周囲に放出され、最終的に中心部には「白色矮星《わいせい》」という小さな天体が残ります。

太陽の八倍程度より重い星は、全体の質量が大きい分、その最期も激しいものになります。重力崩壊した物質が中心部で跳ね返り、大爆発を起こすのです。これが「超新星爆発」です。激しい爆発によって空が明るくなるため、まるで「新星」が誕生したかのように見えますが、実際は星の死の直前に起こる現象です。そして最終的には中性子星やブラックホールが残ります。

この超新星爆発が起こる直前に、星の中心部が短時間で収縮する現象が起きます。強い重力波が生じると考えられているのは、このときです。巨大な中心部がほんの数ミリ秒というタイムスケールで収縮するので、加速度運動する質量が大きく、速度も速い。だから、一瞬のうちに強い重力波を生じさせることが予想されるのです。

ただし、超新星爆発は必ず重力波を出すとはかぎりません。その爆発が球対称に起こると、空間の歪みに変化が生じないので、重力波が出ないのです。

これはきちんと説明するとかなり専門的な話になってしまうのですが、たとえば完全な球形の天体が高速で自転した場合も、重力波は出ません。しかしその形状にわずかでも凸凹があると、運動によって空間の歪みが変化するので、重力波が出ます。これは、何となくイメージしやすいのではないでしょうか。それと同じ理屈で、球対称の超新星爆発からは重力波が出ないと考えられるのです。

中性子星連星が合体すると重力波が発生する？

さて、超新星爆発を起こした星の中心部は、重力が強いため、白色矮星よりも高い密度に圧縮されます。また、圧力があまりにも強いため、原子がその構造を保つことができません。原子のまわりにある電子が原子核の内部に押し込められ、プラスの電荷を持つ陽子がマイナスの電荷を持つ電子を取り込んで、中性子になってしまいます。

そうやってできるのが、「中性子星」です。猛烈に圧縮されているので、その密度は半端なものではありません。半径わずか一〇キロメートルの中性子星の質量が、太陽とほぼ同じぐらいになるのです。角砂糖ひとつ分の体積が一〇億トンもの重さになるくらいの超高密度です。

重力波の存在が間接的に検証されたのは、この中性子星が二つ連なった「中性子星連星」の発見がきっかけでした。これは、「連星パルサー」と呼ばれるものです。

［図8］

中性子星連星から放出される重力波のイメージ

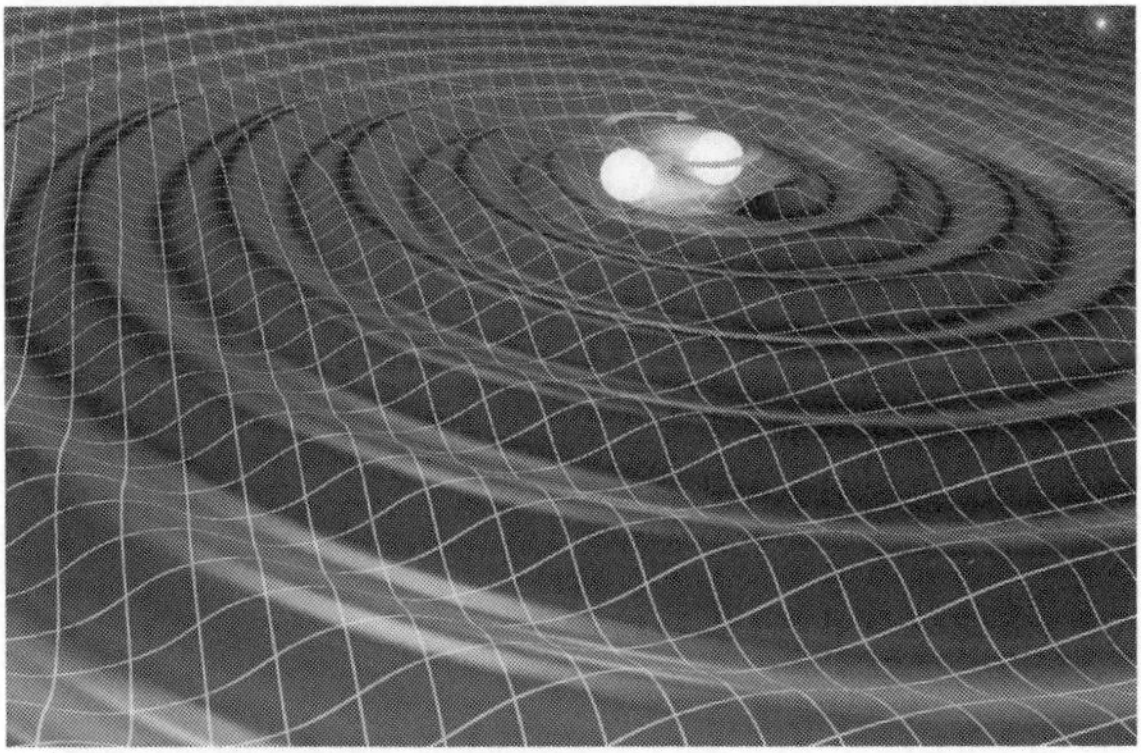

重いものが速く動くほど強い重力波が出る　©KAGAYA

そもそも、中性子星は、電磁波（ビーム）を規則正しく周期的に放射しているパルサーと呼ばれる天体の正体であると考えられています。ビームは中性子星の磁極から発せられるのですが、磁極と星の回転軸にズレがあるため、灯台のようにぐるぐると方向を変えながら放射されます。地球がちょうどビームの照らす方向にある場合、地球から見るとその天体が電磁波を規則的に発しているように見えるのです。その明滅があまりにも規則正しいため、一九六七年に初めて発見された当初は自然現象であることが信じられず、地球外知的生命体からの信号ではないかと疑われもしました。

パルサーが別の星と連星を構成している

「連星パルサー」が初めて発見されたのは、一九七四年のことです。なぜ連星を構成しているとわかったかというと、パルス間隔が約八時間周期で変化していたからです。これは、このパルサーが別の星と連星を構成しており、公転運動によるドップラー効果により、パルス間隔が長くなったり短くなったりすると考えるとうまく説明できます。さらに、詳細な観測事実から、もう一方の星も中性子星（地球からは見えない）であることがわかりました。発見した米国のジョゼフ・テイラーとラッセル・ハルスは、それによって一九九三年にノーベル物理学賞を受賞しました。

ただし彼らの業績は、それを発見したことだけではありません。彼らはその連星パルサーを十数年にわたって観測し続け、公転の周期が徐々に短くなっていることを明らかにしました。これは、連星の運動によって重力波が出ていると考えれば説明がつきます。アインシュタインの理論どおりなら、中性子星連星が重力波を出すとエネルギーが失われるため、二つの星は徐々に接近していき、公転周期が徐々に短くなるはずです。

テイラーとハルスの観測結果は、一般相対性理論に基づく理論的な計算値と見事に一致しました。これによって、間接的な検証ではあるものの、重力波に関するアインシュタインの予言が正しいことが裏付けられました（ちなみにノーベル賞の授賞理由に「重力波の

［図9］

中性子星連星の合体

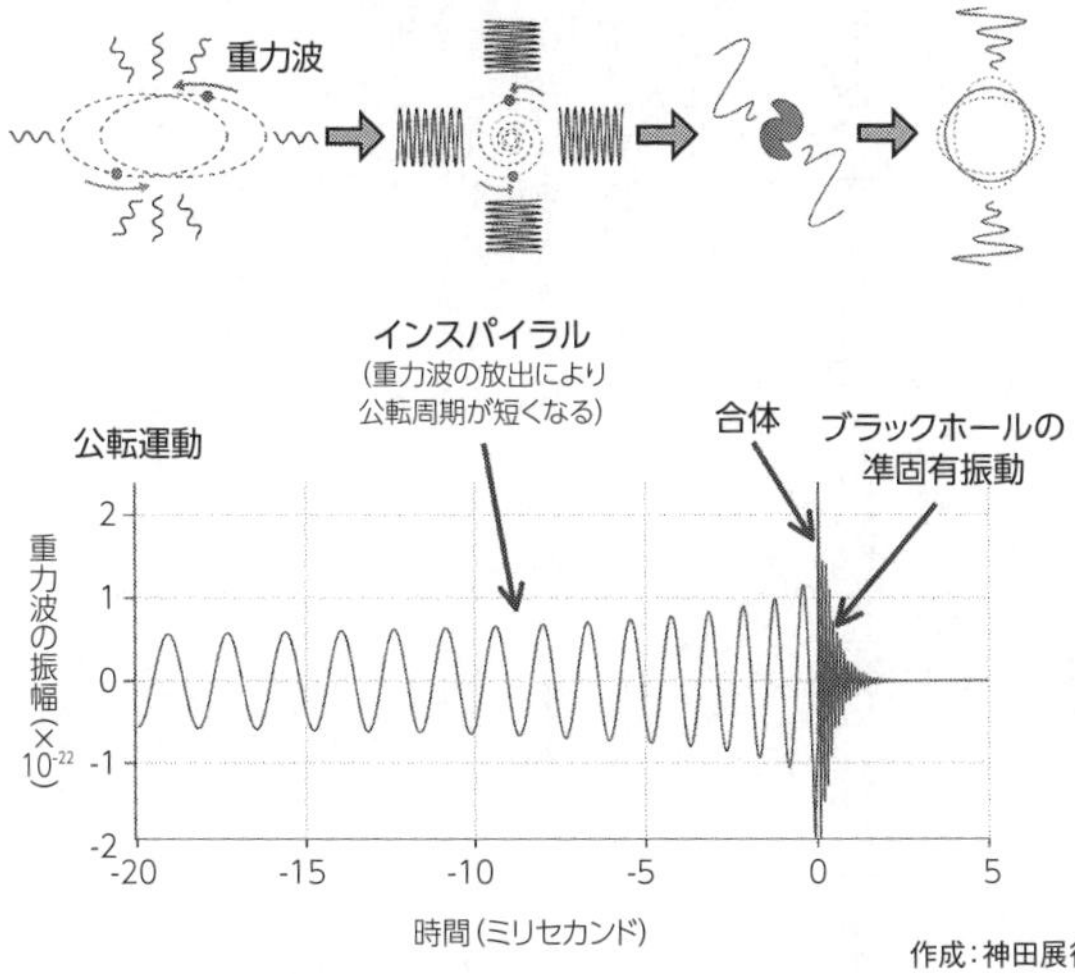

作成：神田展行

間接的な発見」とは書かれていません。ただし、この発見によって一般相対性理論の検証ができるようになったことには言及されています）。

　そのため直接検出を目指す実験でも、中性子星連星は主要な重力波源として期待されるようになりました。ただし、直接検出の場合、どんな中性子星連星でもよいわけではありません。検出できるほど強い重力波を出すのは、速く回転している連星です。

　重力波にエネルギーを持ち去られた連星は、徐々に接近してゆき、最終的には合体してひとつになります。したがって、もっとも回転のスピードが速くなるのは、合体する寸前です。

そのような中性子星連星からの重力波が検出された場合、その波は図9のような変化を見せるでしょう。グラフの横軸は時間ですが、単位はミリセカンド。目盛りを見ると、たとえば合体前一〇ミリセカンドから五ミリセカンドのところでは、五ミリセカンド（一〇〇〇分の五秒）のあいだに重力波の上下が四回あります。これは、そのあいだに中性子星が二回転したという意味です。なぜ二倍違うかというのはのちほど説明します。

太陽と同程度の質量を持つ半径一〇キロメートルの天体がそんな猛スピードで回転しているのですから、先ほど「強い重力波は人工的にはつくれない」といったことの意味が、より深く実感できるのではないでしょうか。連星の距離が縮まるにつれて波の間隔はさらに短くなり、最後には一〇〇〇分の一秒で一回転という凄まじい速度になるのです。

ブラックホール連星も強い重力波源になる？

合体した中性子星連星は、ほとんどの場合、ブラックホールになると考えられています。

このブラックホールも、実際に発見される前に、アインシュタインの理論から存在が予言されていました。一般相対性理論の方程式から導き出される解のひとつに、「光速でも脱出できない天体」があったのです。

天体の重力を振り切って出ていける速度のことを「脱出速度」といいます。地球の場合は、秒速一一キロメートル。リンゴをこの速度で投げれば、地面に落ちずに宇宙へ飛び出していくわけです。宇宙に打ち上げられるロケットがこの脱出速度を超えていることは、いうまでもありません。

アインシュタインが一般相対性理論の一〇年ほど前に発表した特殊相対性理論によれば、光速は「宇宙の制限速度」です。どんな物体も、光速を超えて移動することはできません。ですから、光速でも脱出できないブラックホールは「すべてを飲み込む天体」ということになります。

アインシュタインの方程式からブラックホールの解を見つけたのは、ドイツの天文学者カール・シュヴァルツシルト（一八七三〜一九一六）でした。そのため、天体がそれ以下に収縮するとブラックホールになる半径のことを「シュヴァルツシルト半径」といいます。

たとえば太陽と同じ質量を持つブラックホールであれば、シュヴァルツシルト半径は三キロメートル程度。したがって、太陽を半径三キロメートルまで押し縮めることができればブラックホールになります。

ブラックホール連星は中性子星連星と同様に重力波を放出し、エネルギーを失い、だんだんと公転距離が短くなり、最後には合体して一つの大きなブラックホールになります。先ほど中性子星は「角砂糖ひとつ分の体積が一〇億トン」と述べましたが、ブラックホールはそれをはるかに超える超高密度の天体なのです。

中性子星連星が合体するとブラックホールになるといいましたが、これはブラックホールができるプロセスのほんの一例にすぎません。ブラックホールの多くは、中性子星と同様、寿命を迎えた星の最期の姿。太陽の八〜二〇倍程度の星は超新星爆発によって中性子星になりますが、太陽の二〇倍を超える大きな星は、それよりも密度が高まって、多くの場合ブラックホールになるのです。

中性子星と同様、このブラックホールが連星を形成していれば、強い重力波源になるはずです。とくに合体前のブラックホール連星からは強い重力波が放出されると考えられています。

重力波とブラックホール連星を同時に発見した偉業

超新星爆発、中性子星連星の合体、そしてブラックホール連星の合体。重力波の直接検出を目指す実験が始まって以来、期待される重力波源はおもにこの三つでした。

しかし、超新星爆発は発生頻度があまり高くありません。宇宙全体ではたくさん起きているると思われますが、重力波を検出できるほど近くで超新星爆発が起きるのは、せいぜい数十年に一度ぐらいです。

直近では、一九八七年にそのチャンスがありました。その年の二月に大マゼラン星雲で起きた超新星爆発です。

これは日本にノーベル賞をもたらしたので、ご存じの方も多いでしょう。この超新星爆発から出たニュートリノを日本のカミオカンデが検出したことで、実験リーダーの小柴昌俊さんは二〇〇二年にノーベル物理学賞を受賞しました。その業績は、「ニュートリノ天文学」という新しい分野を切り開きました。

もし、その時点で重力波検出器の感度が現在のレベルまで向上していたら、あの超新星爆発は「一粒で二度おいしい」現象になったかもしれません。重力波を検出することで、「ニュートリノ天文学」だけではなく、「重力波天文学」の幕もそこで開いた可能性があるからです。

しかし残念ながら、当時の技術レベルはまだそこまで到達していませんでした。米国の

LIGO計画がスタートしたのは、その五年後のことです。

また、中性子星連星はすでに一〇個ほど見つかっていますが、ブラックホール連星は存在が予測されているだけでした。そのため中性子星連星の合体が重力波検出の有力候補と見なされていたのですが、ブラックホール連星の合体による重力波のほうが先に検出されるのではないかという予測もなかったわけではありません。中性子星よりも重いブラックホール連星が存在するなら、その合体のほうが中性子星連星の合体よりも強い重力波を発生させるはずだからです。

その予測どおりになったのが、LIGOによる重力波の初検出でした。キャッチした重力波は、ブラックホール連星の合体によるものだと考えなければ説明がつかないものだったのです。

重力波のみならず、ブラックホール連星をも同時に発見したのですから、「重力波天文学の幕開け」と呼ぶにふさわしい業績といえます。ノーベル賞二つ分の価値があるといっても過言ではないほどの大発見だったのです。

第二章　宇宙からのメロディーを聞く

聞くものだけれど、直接には聞こえない重力波

前章では、アインシュタインが見抜いた重力の本質が「空間の潮汐的な歪み」であり、その歪みの変化を伝えるのが重力波であることを説明しました。物体が動くと空間の歪みが変化して伝わるのですが、その歪みはきわめて小さいため、地上の日常的な現象からは検出することができません。しかし宇宙に目を向ければ、超新星爆発や中性子星連星、ブラックホール連星など巨大な天体現象からの重力波をとらえることができます。

ところで、いま私は宇宙に「目を向ける」といいましたが、実をいうと、これはあまり適切な表現ではありません。可視光、電波、X線などの電磁波をとらえる望遠鏡はまさに宇宙の天体に「目を向ける」ものですが、重力波の場合は「耳を傾ける」といったほうがいいでしょう。電磁波と違い、重力波は空間の歪みを伝えるので、空気の振動が「音」として聞こえるのと同じように、私たちの鼓膜をふるわせるはずだからです。その意味で、宇宙からやってくる重力波は、まさに「アインシュタインの奏でる宇宙からのメロディー」といえるでしょう。

ただし、物理的に「鼓膜がふるえる」ことと、感覚的に「聞こえる」ことは同じではあ

[図10]

重力波は聞こえるはず?

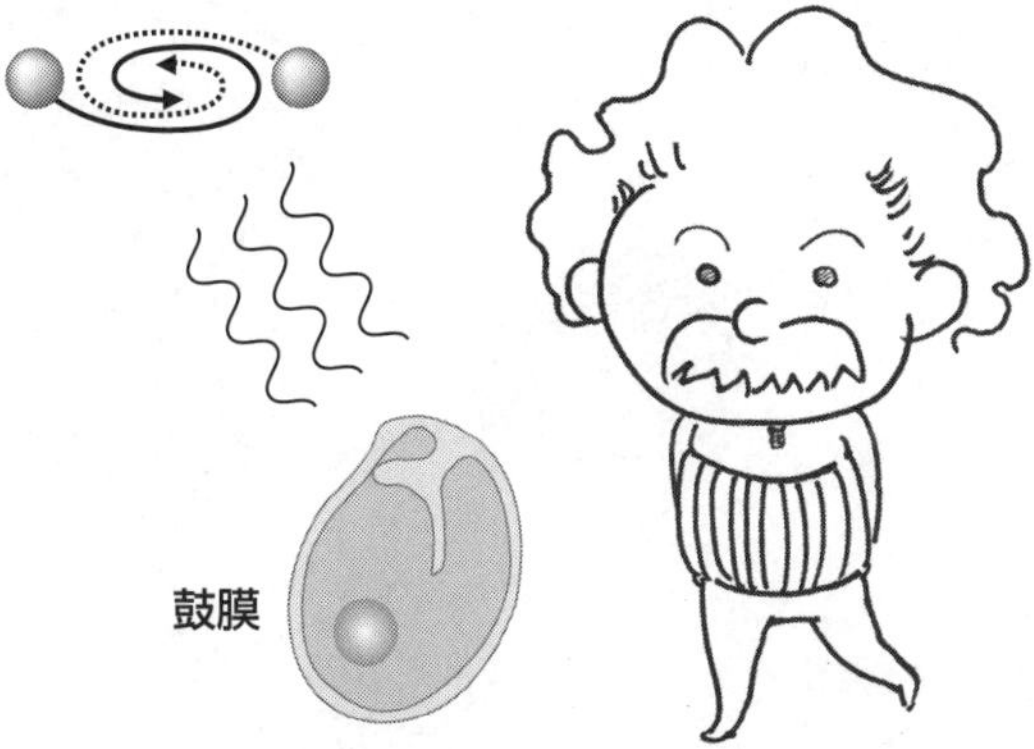

りません。人間が聞くことのできる音波の周波数は、(もちろん個人差はありますが)下は二〇ヘルツ、上は二万ヘルツ程度。その可聴域を超える周波数の音(超音波)は聞こえませんが、それでも音波である以上、鼓膜はふるえています。それと同じ意味で、重力波も私たちの鼓膜をふるわせているわけです。

とはいえ、これはきわめて小さい揺れなので、そのままでは聞くことができません。その振動の大きさは、LIGOが検出した重力波で、およそ一〇のマイナス二三乗メートル(鼓膜の大きさを一〇ミリメートルとした)。これは、原子ひとつの直径の一〇兆分の一にあたるサイズです。原子自体が人間の体の一〇〇億分の一という大きさですから、それは

［図11］

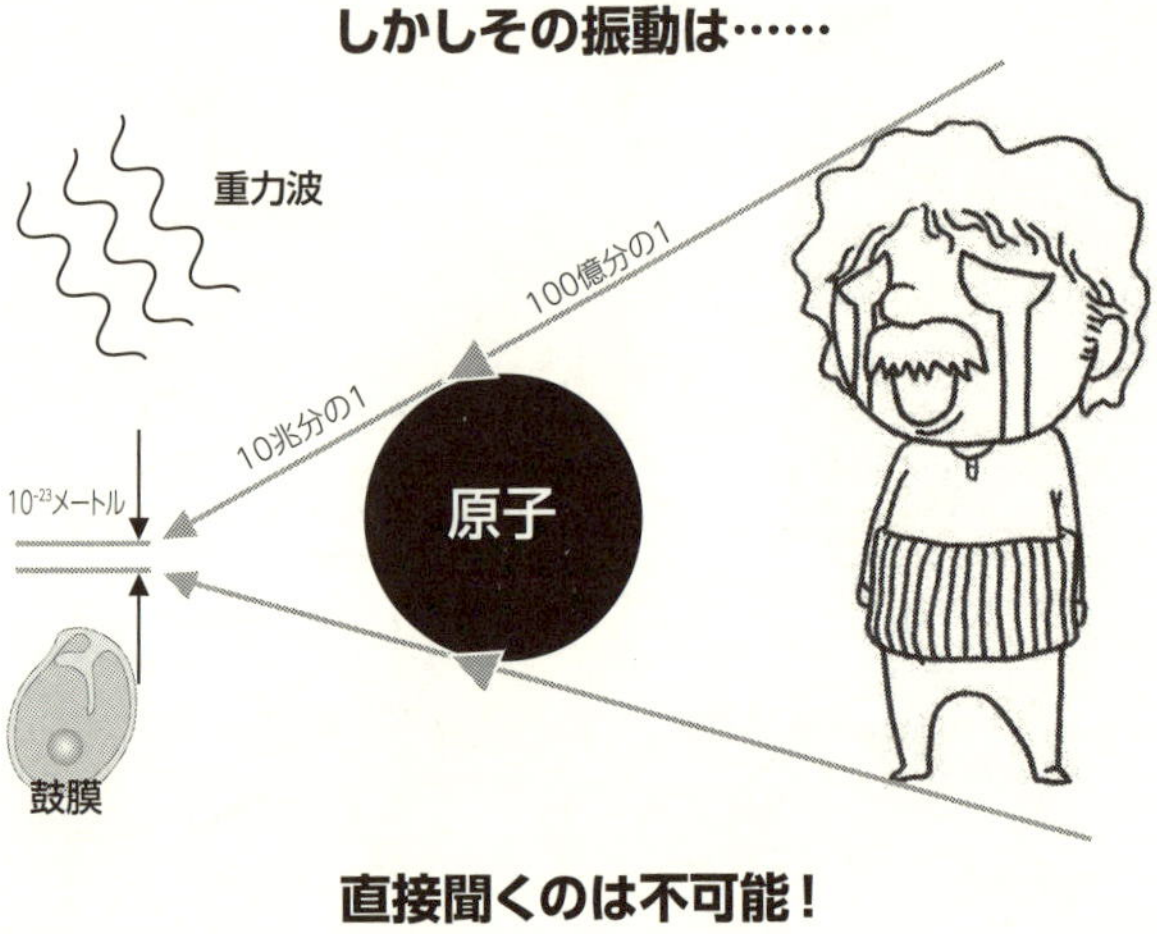

もう、気が遠くなるほどかすかな振動にすぎません。

もしそんな振動を耳で聞き分けることができたとしたら、私たちは一〇光年ほど離れたところで喋《しゃべ》っている人の声まで聞き取れます。地球から一〇光年というと、だいたいシリウスのあたり。全天で太陽の次に明るく見える星です。

もちろん、宇宙空間には音を伝える空気がないので、シリウスのまわりに地球のような惑星があり、そこで人間のような知的生命体がお喋りをしていたとしても、実際には地球まで届きません。しかし仮に空気があったとすると、その声は音速で地球に届きます。ざっと計算すると、一〇光年の距離を伝わるのに一〇〇〇万年ぐらいかかるでしょうか。

そのかすかな音が聞こえる人間がいたとしたら、とんでもない「地獄耳」です。まったく現実的な話ではありません。重力波を「聞く」のは、それぐらい難しいことなのです。

超高感度の「補聴器」をいかにつくるか

では、私たちはどうやって重力波を聞けばいいのでしょうか。

そのためには、当然ですが道具が必要です。たとえば「見えにくいものを見る」ために、人類はメガネ、顕微鏡、望遠鏡といった道具をつくってきました。入ってくる信号をそれらの道具によって拡大すれば、遠くにあるものや小さいものなどを見ることができます。

それに対して、「聞きにくい音を聞く」ための道具といえば、補聴器です。一〇〇億光年先まで見える望遠鏡が「超高感度のメガネ」だとすれば、宇宙から届く微弱な重力波を聞くには、「超高感度の補聴器」をつくればいいのです。これがあれば、「アインシュタインの奏でる宇宙からのメロディー」を我々の耳で実際に聞くことも可能になるでしょう。

とはいえ、これは口でいうほど簡単なことではありません。重力波は、その存在を予言したアインシュタイン自身でさえ、検証がきわめて困難だろうと考えていたほど微弱なも

［図12］

超高感度の補聴器があればいい！

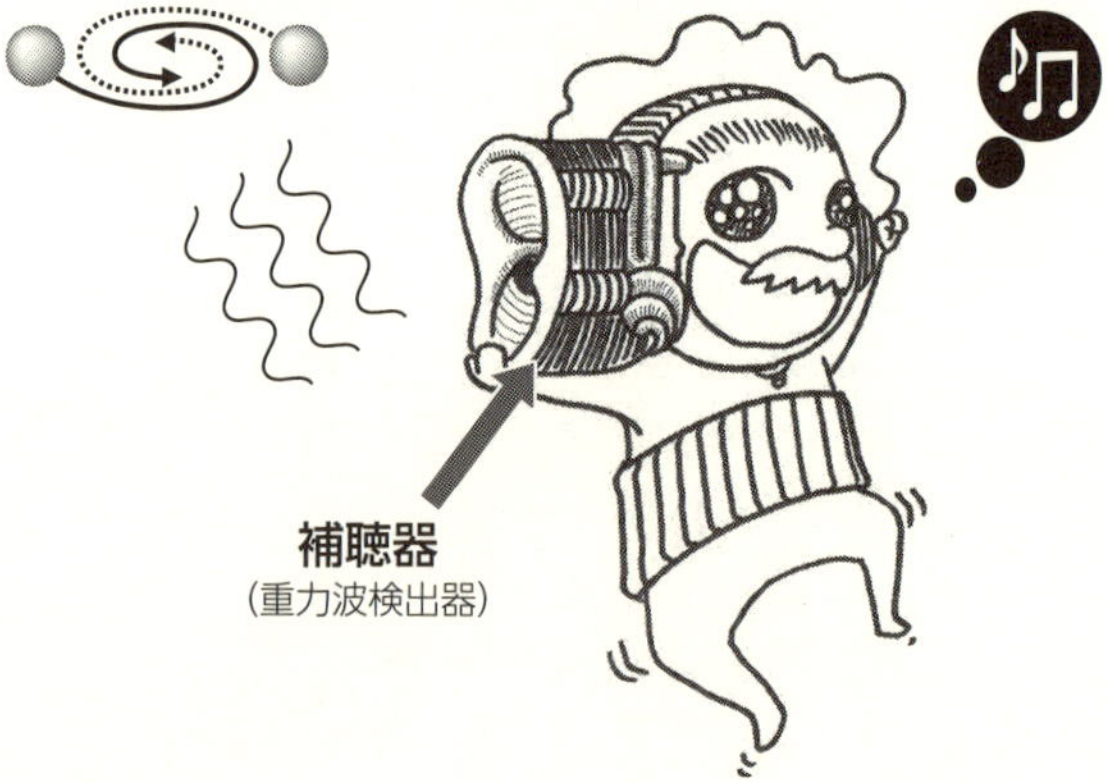

のです。そのため一九一六年に論文が発表されてから数十年のあいだは、本格的な重力波検出実験は行われていませんでした。

この分野で最初に注目を集めたのは、米国メリーランド大学のジョセフ・ウェーバーによる実験です。彼が開発したのは、巨大なアルミニウムの円筒をぶら下げた「共振型重力波検出器」と呼ばれる実験装置でした。重力波が来ると、その円筒が共振を起こす仕組みになっています。

ウェーバーはこの装置を使って、まず一九六七年に重力波のように見える信号を検出しました。しかしその共振が本当に重力波によるものかどうかはわかりません。ほかの原因で装置が反応することもあるからです。

そういう可能性を排除しなければ「発見」といえないのは、現在の重力波検出実験でも変わりません。前に紹介したカミオカンデのニュートリノ検出などもそうですが、このような物理学の実験は常に「ノイズ」との戦いになります。検出したいシグナルとノイズをいかに見極めるかが、実験家にとってきわめて重要な仕事なのです。

実験の信頼性を高めるために、ウェーバーは次に二台の共振型重力波検出器を用意し、それぞれを離れた場所に設置しました。二台の装置が同時に反応すれば、それはほかの原因によるノイズではなく、重力波によるものである可能性が高まります。

一九六九年、ウェーバーはこの二台が同時に検出したことで、「重力波を発見した」と発表しました。これが世界的な大ニュースになったことは、いうまでもありません。二〇一六年六月のＬＩＧＯの発見を思い出せば、新聞にどんな見出しが躍ったかは想像がつきます。

しかしそれが本当であれば、およそ半世紀後にＬＩＧＯが「初の重力波直接検出」と報じられるはずがありません。ウェーバーの後、多くの研究者が同じ方法で重力波の検出に挑みましたが、その追試実験はことごとく失敗しました。そのためウェーバーの「発見」は何かの間違いであり、おそらく別の原因による共振がたまたま二台の検出器でほぼ同時に起きたのだろうと考えられています。

より広い周波数帯を受信できる装置の開発へ

とはいえ、このウェーバーの実験が、重力波検出を目指す動きに火をつけるきっかけとなったことは間違いありません。それ以降、米国や欧州ではさまざまな共振型重力波検出装置が開発されました。日本でも、東京大学の故・平川浩正教授が当時この研究に取り組んでいます。

しかし共振型は、原理が簡単でつくりやすいというメリットがある反面、検出できる重力波の周波数帯がかぎられてしまうという欠点がありました。予想される重力波の周波数は幅広いのですが、この検出器では共振体の共振周波数のものしかキャッチできないのです。重力波を効率よくとらえるためには、できるだけ網を大きく広げて待ち構えなければいけません。

そこで、米国マサチューセッツ工科大学のレイナー・ワイスが、別の手段による重力波検出を提案しました。ウェーバーの考案した共振型ではなく、いわゆる「マイケルソン干渉計」を改良した図13のような装置を重力波検出器として使おうというのです。こちらは

［図13］

レーザー干渉計による重力波検出の原理

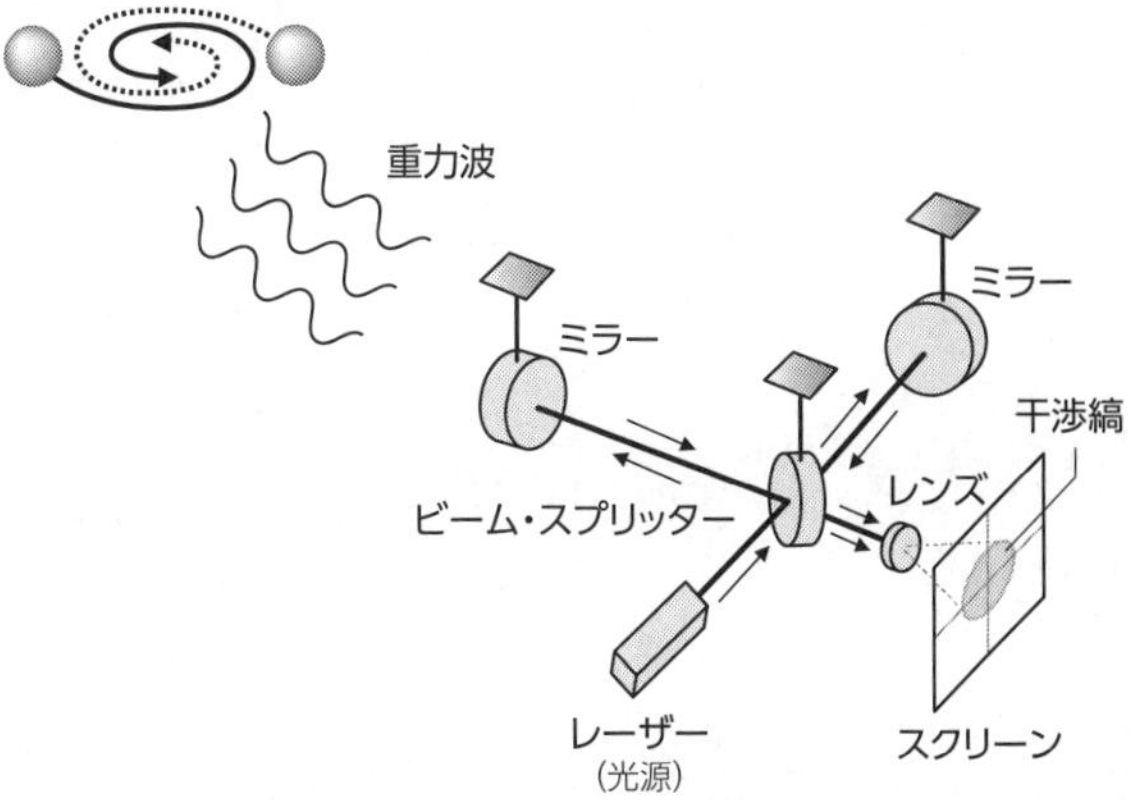

共振型と違って装置が複雑で大がかりなものになりますが、受信できる周波数帯はかなり広くなります。

マイケルソン干渉計は、一八八七年に行われた有名な実験で使用された装置です。重力波とは関係ありませんが、アインシュタインの相対性理論とは深く関わる実験なので、簡単に紹介しておきましょう。アルバート・マイケルソンとエドワード・モーリーの二人が中心となって実施したので、「マイケルソン＝モーリーの実験」と呼ばれています。

それは、「エーテル」の存在をたしかめるための実験でした。エーテルとは、光の波動を伝える媒質として想定されたものです。光が波だとすると、音波が空気という媒質によって伝わるのと同様、何か媒質がなければいけません。エーテルが宇宙を満たしているとすれば、空気のない宇宙空間でも星の光が届くことを説明できるわけです。

その存在をたしかめるために、マイケルソンは干渉計を使った実験装置をつくりました。図13は重力波検出用の装置ですが、原理的には同じものですので、この図を使って説明します。レーザー（光源）から出た光は、中央のビーム・スプリッターで直交する二方向に分割されます。この二つの光が、それぞれの先にある鏡に反射して戻り、中央のビーム・スプリッターを通って検出器に到達する。ここで、光は「干渉」という現象を起こします。

干渉とは、複数の波を重ね合わせたときに新しい波形ができる現象のこと。同じ波長の光が重なった場合、位相がズレると、上下する波の「山」や「谷」がお互いに強め合ったり打ち消し合ったりすることで、「干渉縞」ができます。二つの光が干渉計を行き来するのにかかる時間が変化すれば、検出器に生じる干渉縞にも変化が現れるでしょう。

もしエーテルが存在するのであれば、太陽のまわりを公転する地球には「エーテルの風」が吹いているはずです。光がエーテルを媒質として伝わるのであれば、その速度は「追い風」のときは速く、「向かい風」のときは遅くなると考えられます。

そこでマイケルソンらは、地球の進行方向の光と、それと直交する方向の光を比較しました。エーテルがあるのなら、進行方向の光のほうが干渉計を往復する時間が長くなり、直交する光とは異なる干渉縞ができるはずです。

ところが実験の結果、干渉縞に有意な変化は現れず、どちらの光も同じ速さで進むことがわかりました。エーテルの存在は証明できなかったのです。

マイケルソン干渉計と相対性理論と重力波の不思議な因縁

この「マイケルソン＝モーリーの実験」は、光の不思議な性質を明らかにしました。光には、ニュートン力学の「速度の合成則」が当てはまらないということです。

たとえば、時速五〇キロメートルで走っている車に乗っている人が、進行方向に向かって時速三〇キロメートルでボールを投げたとしましょう。車に乗っている人から見ればボールの速度は時速三〇キロメートルですが、それを地上から観測している人から見ると、ボールの速度は「五〇キロメートル（車の速度）＋三〇キロメートル（ボールの速度）＝時速八〇キロメートル」になります。

また、時速五〇キロメートルの車を後ろから時速三〇キロメートルで追いかけた場合、後ろの車からは前の車が「五〇－三〇＝時速二〇キロメートル」で走っているように見えます。このように速度が足し算・引き算されるのが、「速度の合成則」です。

ところが、マイケルソン＝モーリーの実験結果は、光に対してはそのような速度の合成則が成り立たないことを示したのです。これではニュートン力学と矛盾してしまいます。

この不思議な現象を説明したのが、アインシュタインが一九〇五年に発表した特殊相対性理論でした。アインシュタインは、光の速度は、どの観測者から見ても常に同じ（秒速三〇万キロメートル）になるということをもっとも基本的な原理として採用したのです。

これは非常に不思議なことです。たとえば電車に乗っているとき、隣の線路を同じ速度で走っている電車は止まっているように見えます。その速度が時速何キロメートルであれ、この場合は「引き算」が成り立つので、お互いに相手の速度がゼロになります。しかし光に速度の合成則が当てはまらないとすると、秒速三〇万キロメートルで飛んでいる光を同じ速度で追いかけても、光はやはり秒速三〇万キロメートルで飛んでいくように見えるのです。

ニュートンの理論で計算できるのは近似値にすぎません。光速よりも十分に遅い速度であれば、ニュートンの合成則でほぼ正しい答えが出ます。しかし速さが光速に近づくにつれて、足し算や引き算の答えと実際の速さとのあいだの誤差が大きくなる。そこでは、もうニュートンの理論が破綻してしまうのです。

アインシュタインは、光速度が常に一定である代わりに、これまで常に一定で変わらないと考えられていた時間と空間が変化すると考えました。速さが光速に近づけば近づくほど、時間が遅れたり空間が縮んだりするのです。

本書のテーマとは離れるので、特殊相対性理論については詳しく説明しませんが、この理論を踏まえて一〇年後につくられたのが、一般相対性理論でした。そして一般相対性理論から存在を予言されたのが、重力波です。その重力波検出の道具として、光速が一定であることを実証したマイケルソン干渉計が登場したのは、何やら因縁めいているといえるかもしれません。

ほんのわずかな空間の歪みを検出するレーザー干渉計

やや遠回りをしました。話を戻しましょう。

ワイスの提案があって以降、重力波を検出するための「超高感度の補聴器」は、マイケルソン干渉計のアイデアを基本にしたレーザー干渉計型が主流になりました。現在の重力波検出実験につながる歴史は、一九七〇年代のこの方針転換から始まったといっていいでしょう。

このタイプの実験を先導したマサチューセッツ工科大学とカリフォルニア工科大学の共同研究グループが最初に開発したレーザー干渉計は、基線長（ビーム・スプリッターから鏡までの距離）が四〇メートルでした。

ちなみに、マイケルソン＝モーリーの実験で使用された干渉計は、一・五メートル四方の岩石製の台に乗る程度のサイズ。装置の基本的な仕組みは同じですが、大きさはまったく違います。重力波によるほんのわずかな空間の歪みを検出するには、基線長をできるだけ長くする必要があるのです。

マイケルソン＝モーリーの実験は、光の速度の変化を見ようとするものでした。それに対して、重力波検出器は空間の歪みによる変化を見るものです。

巨大な天体現象で重力波が発生した場合、空間は前章で説明したように「潮汐的」に歪みます。自由落下するエレベーターで四つのリンゴの位置がどう変化したかを思い出してください。あのケースでは空間が縦方向に伸びましたが、その歪みを伝える波は、縦方向に伸びたり横方向に伸びたりしながら地球に到達します。

重力波を受けた空間では、その歪みによって二点間の距離が変化します。空間の潮汐的な歪みに合わせて、直交する二つの方向の一方の距離が伸びれば、もう一方が縮むのです。重力波は縦と横の伸び縮みをくり返しますから、その距離の変化も交互に伸び縮みをくり返します。これによって二本のレーザービームの往復にかかる時間が変化し、干渉縞にも変化が生じます。

ただし、空間の歪みによる距離の変化は微々たるものにすぎません。重力波源が遠く離れた銀河にある場合、地球上で生じる距離の変化は、地球と太陽の距離を水素原子ひとつ分だけ伸び縮みさせた程度の割合です。

腕が長くなればなるほど感度が高まる

重力波源が近ければ距離の変化も大きくなるので、私たちが暮らす天の川銀河の中で大きな天体現象が起きれば、受信する信号は大きなものが期待できます（とはいえ、たとえ太陽ぐらい近い場所で中性子星連星の合体が起きたとしても、地球上で一メートルの長さが一億分の一ミリメートル伸縮する程度ですが）。

しかし、近くの宇宙に観測可能な重力波源が出現する確率は高くはありません。天の川銀河での中性子星連星の合体の発生頻度は、一万年に一回程度です。ものすごく運が良ければ今日かもしれませんが、運が悪ければ一万年後になってしまうかもしれません。それでは確率が低すぎて話になりません。

でも広大な宇宙全体では、超新星爆発や中性子星連星の合体などの現象が無数に起きているでしょう。ですから、遠くの銀河まで観測の範囲を広げれば広げるほど、観測可能な重力波の発生頻度は数十年に一回、数年に一回、一年に数回……といった具合に増えていきます。

したがって、重力波検出の可能性を高めるには、できるだけ遠くからの信号をキャッチできるように、装置の感度を高めなければなりません。基本的には、基線長を延ばして装置が大型化すればするほど、感度が高まります。この理由は、以下のように説明できます。

ある重力波によって引き起こされる空間の歪みは一定なので、腕が長ければ長いほど、その重力波によって引き起こされる鏡の揺れが大きくなり、それだけ検出しやすくなるのです。

一般に装置を大きくすると重力波信号が大きくなるのは、かつての共振型重力波検出器でも同じことですが大きな違いが二つあります。それは観測できる重力波の周波数と大型化の容易さにあります。

[図14]

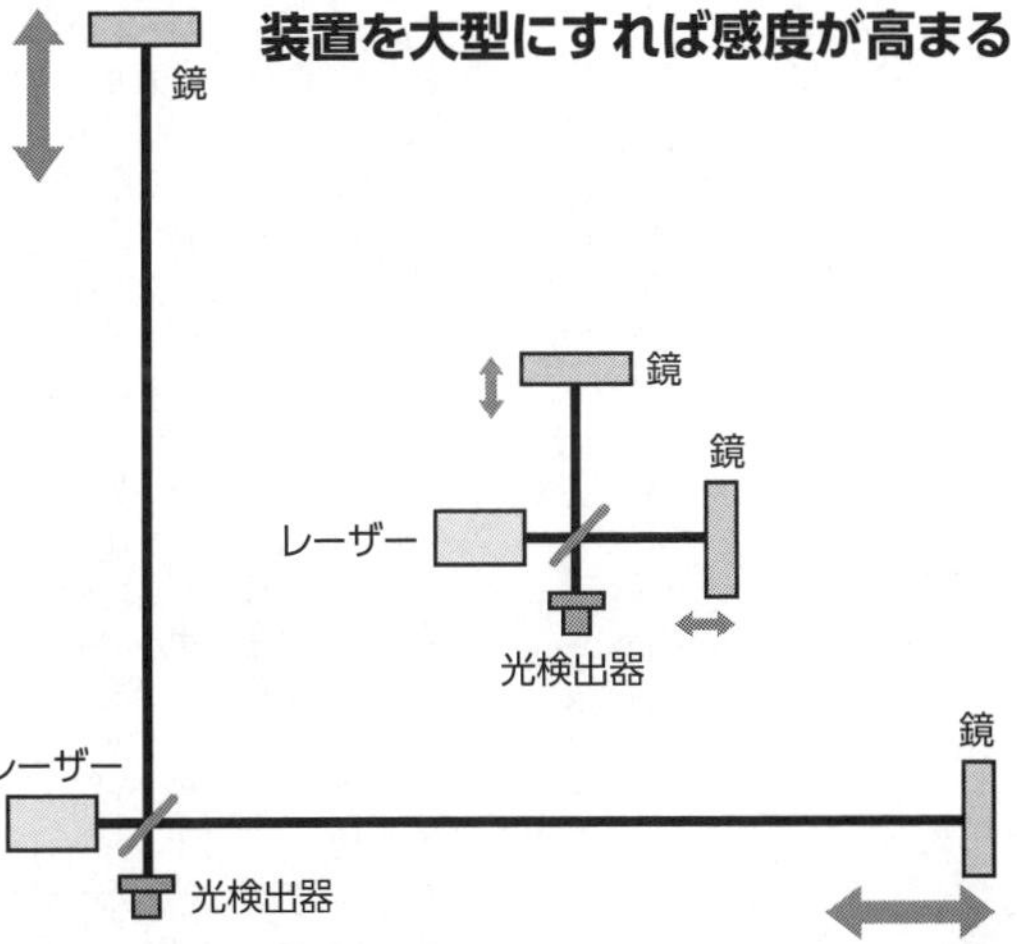

まず、観測できる重力波の周波数に関して説明します。たとえばウェーバーが開発したような一〜二メートルの大きさの共振型検出器は、共振周波数が一キロヘルツ程度でした。したがって、キャッチできるのも一キロヘルツ程度の重力波です。それ以外の周波数では共振しないので、「守備範囲」が狭いことは前にも述べました。さて、この装置のサイズを一〇倍に大型化してみましょう。確かに感度は高まりますが、検出器の共振周波数は一〇分の一の一〇〇ヘルツ程度になってしまいます。一般に、共振型重力波検出器では、装置のサイズを変えるだけで、狙う重力波の周波数を保ったまま感度を上げることはできません。一方、レーザー干渉計の場合は、大型

化すればほぼ同じ観測帯域を保ったまま感度を上げることができます。

次に大型化の容易さです。レーザー干渉計の場合は、鏡の間は真空パイプがあればよいので比較的容易に大型化できます。しかし共振型は装置自体を大型化する必要があります。キロメートルクラスのレーザー干渉計をつくることは可能でも、キロメートル角の金属の塊をつくることは非常に困難です。

このような事情により、重力波検出実験はレーザー干渉計型が主流になり、共振型による実験をやる研究者はほとんどいなくなったのです。

日本初のプロトタイプを自作し、LIGOに参加

米国で基線長四〇メートルのプロトタイプ（試作品）検出器が開発されたのを皮切りに、欧州でも、ドイツが三〇メートル、英国が一〇メートルのプロトタイプをつくりました。現在は、米国のＬＩＧＯが四キロメートル、イタリアやフランスなどが共同で開発したＶＩＲＧＯという検出器が三キロメートルの基線長になっていますから、初期の頃とはずいぶんスケールが違います。それだけ、感度が向上したわけです。

しかし日本では、私が東京大学の大学院生として宇宙科学研究所で博士論文のテーマを

［図15］

世界の大型干渉計型重力波検出器

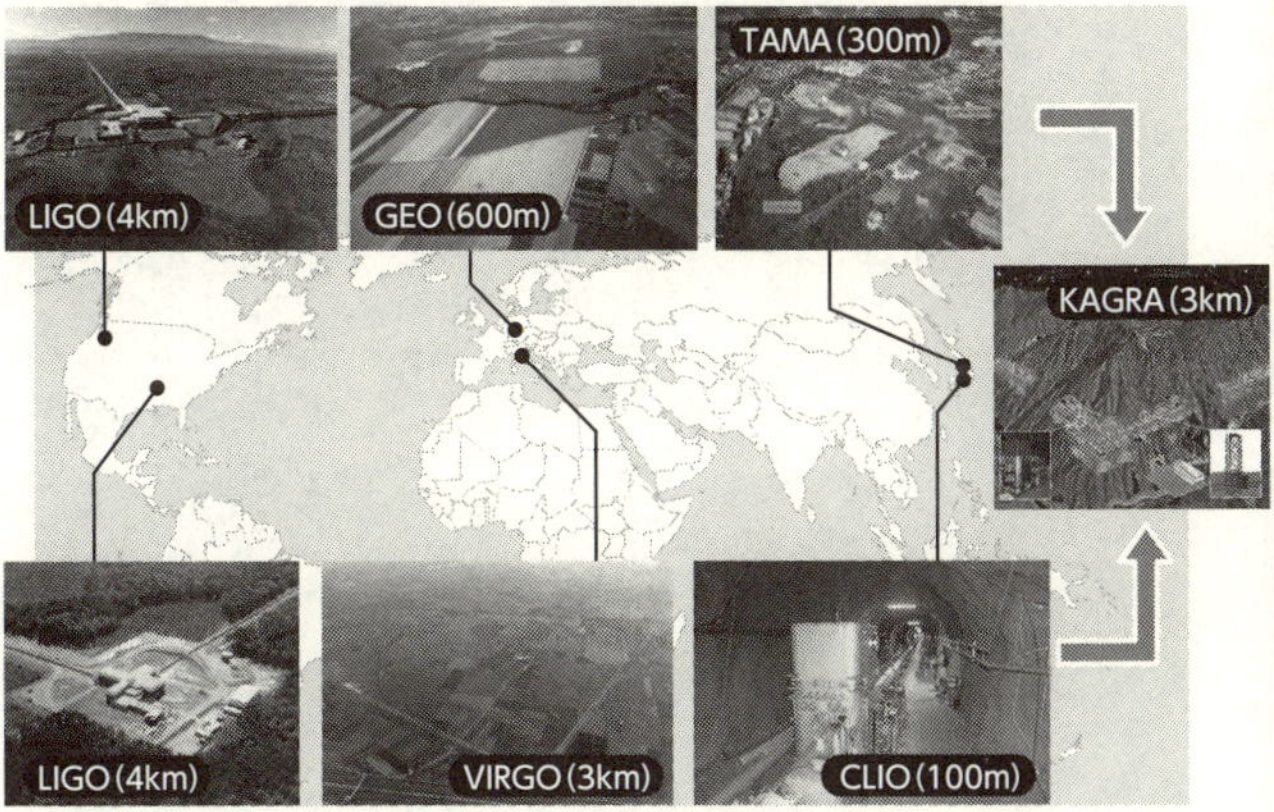

模索していた時点で、まだレーザー干渉計を使う重力波検出実験を誰も手がけていませんでした。一九八〇年代なかばの話です。

当時の私は、それ以前から重力波に興味を持っていたわけではありません。所属していたのは、河島信樹先生の率いる宇宙プラズマ物理学の研究室でした。星の爆発など宇宙で起こるプラズマ現象を扱う分野です。

しかしそのころ河島先生はプラズマ以外の新しいテーマを探していました。そこで、一年ほどかけて一般相対性理論に関連する分野をいろいろ調べているうちに、レーザー干渉計を用いた重力波検出実験という魅力的なフロンティアの研究に出会ったのです。

私は基線長一〇メートルのプロトタイプを

製作し、一九八九年にそれで博士論文を書きました。これが、日本におけるレーザー干渉計型重力波検出器の先駆けでした。私はその後すぐにカリフォルニア工科大学にポスドクとして移り、ＬＩＧＯ計画に参加しました。

その時点でいちばん感度が良かったのは、ドイツが開発した三〇メートルのプロトタイプです。その次が英国のグラスゴーにあった一〇メートルのプロトタイプ。カリフォルニア工科大学が関わった四〇メートルのプロトタイプは、基線長がもっとも長かったにもかかわらず、三番手でした。

レーザー干渉計型重力波検出器は、基本的には大きいほど感度が高まるとはいえ、感度を決める要素はそれだけではありません。さまざまな原因で生じるノイズを減らすことが、感度アップには必要です。

カリフォルニア工科大学に行った私がおもに取り組んだのが、その「ノイズ・ハンティング」でした。日本に戻るまでの七年間にいろいろなノイズを見つけて解消し、カリフォルニア工科大学を去る前にはその「川村静児の選ぶノイズ源トップテン」を関係者の前で発表して喝采を浴びたほどです。

「ノイズ・ハンター」の血をさわがせた数々の事件

その中には、たとえばこんなものもありました。

重力波は「聞く」ものなので、ノイズも文字どおりスピーカーから雑音として聞こえます。それを聞きながら雑音の原因を探るのが日課だったのですが、ある日突然、それまで聞いたことのないノイズが出始めました。いろいろと調べてみると、どうやらある場所のラックを押したときに「ギギギギ」という激しい雑音が生じるようです。

これは、実に単純な話でした。重力波検出器には、さまざまな装置を制御するためのケーブルがたくさんあります。その一部を束ねてアルミ製のトレイに入れて、床に置いてありました。この金属トレイはどこにもつながっていないので、それだけならノイズの原因にはなりえません。

ところが、それとは別のBNCケーブルというものを、誰かが床にポーンと放り投げたままにしていたのでしょう。そのBNCケーブルの先端が、アルミのトレイにかすかに触れていました。ただの偶然です。それを離しただけで、ノイズはすっかり消えました。

「ポストイット事件」も紹介しておきましょう。鏡から戻ってくるレーザーを最後に受け止める検出器の向きを変えたときのことです。横向きだった検出器を縦向きにしたところ、反射光がそれまでと違う方向に出て危険なので、それを何かでブロックする必要が生じました。そこで誰かが急場しのぎに使ったのが、ポストイットです。たまたま手元にあったのかどうか知りませんが、それをペタッと貼ってしまった。それが光を散乱させてしまい、ひどいノイズの原因になっていました。

これら二つの例は単純なミスが原因でしたが、もちろんほとんどのノイズ源はもっと複雑です。そのうちのひとつが次のものです。これはその複雑さを味わっていただきたいためにあえて出したものですので、決して理解しようとしないようにお願いします（笑）。

モードクリーナーを動作させるための制御システムに必要な一〇メガヘルツの位相変調を発生させるポッケルスセルがミスアラインメント効果により一〇メガヘルツの強度変調を引き起こし、それが制御システムの引き起こす二メガヘルツの制御対域外ノイズとカップルし、一二メガヘルツの強度ノイズとなり、それが干渉計の制御システムに必要な一二メガヘルツの復調システムによって重力波の観測帯域でノイズとなる。

いかがでしょうか？

途中で寝てしまった方もいるかもしれませんが、ともかく、その複雑さはわかっていただけたかと思います。

このように、ノイズの原因は多岐にわたります。どこで何が感度を下げているかわからないので、ノイズ・ハンティングも楽ではありません。せっかく予算を獲得して装置を巨大化しても、すべてのノイズを徹底的に落としてやらないと、目標とする性能は達成できません。

日本の装置でも実例をひとつ挙げておきましょう。後述する「ＣＬＩＯ」という一〇〇メートルの装置です。

私はＣＬＩＯの建設には関わっていませんでしたが、あるとき「どうしても消えないノイズがある」というのを聞きました。そのノイズは一年ほど前からあり、そのせいでそれ以上感度を上げることができないということでした。そして、その原因がさっぱりわからないというのです。

こういう話を聞くと私のノイズ・ハンターとしての血がさわぎます。ちょうどあいた時間が見つかったので、現地に乗り込み、ＣＬＩＯを実際に動かしていた若手とともにノイズ・ハンティングを三日間行い、見事この雑音を取り除いたのです。

初日はいくつかのそれらしいノイズ源について調べ、そしてもっともあやしいものに見当をつけました。レーザーを反射する鏡には位置を制御するための磁石がついているのですが、それを駆動させるために外部に取り付けたコイルのホルダーに、金属の部品が使われていたのです。直感的に「これがあやしい」と思いました。金属と磁石によって過電流が生じ、それがノイズを引き起こしているのではないかと考えたのです。

そこで翌日、コイルのホルダーを非金属に交換する作業を行いました。これは、簡単なことではありません。レーザー干渉計型重力波検出器は、鏡やレーザーの通り道などを真空状態にしています。そこにある部品を交換するには、まずその真空状態を落とさなければいけません。これには相当な時間がかかります。それを待って部品交換を行い、再び真空状態にするところまでで、二日目が終わりました。

そして三日目。装置を動かして測定してみると、一年前から現場を悩ませていたノイズは明らかに減っていました。やはり、過電流が原因だったのです。私にとっては、これは会心のノイズ・ハンティングでした。同時に、ＣＬＩＯの優秀な若手との密度の濃い共同実験は心に残る非常に楽しいひと時でした。

「TAMA300」で当時の世界最高感度を達成

ここで紹介したノイズはいずれも単一の原因によるものでしたが、そういうものばかりではありません。たとえば、雑音A、雑音B、雑音Cという三つがほとんど同程度に競合しているケースがあります。この場合、雑音A、B、Cのうちどれかひとつの原因を取り除いても、装置の感度が明らかに改善されるということはありません。では三つとも無実だったのか……と思いきや、A、B、Cを同時に落とすとノイズ全体が落ちることがあるのです。

いずれにしろ、ノイズ・ハンティングがうまくいかなければ、重力波検出器の感度は上がりません。ノイズにはこれまで見てきたように多様な原因があるので、見つけ出すには経験の積み重ねも重要です。私がCLIOのノイズを三日間で解決できたのも、博士論文を書いた直後に赴任したカリフォルニア工科大学で、徹底的にノイズ・ハンティングに取り組んだ経験があったからだと思います。

私がカリフォルニア工科大学に赴任した当時、ドイツ、英国に次いで世界第三位の感度だった米国の重力波検出器（基線長四〇メートル）は、数年後には、世界最高感度を達成していました。同じ装置でも、ノイズをうまく減らせば、それぐらい感度が上がるということです。この装置の感度が向上したおかげで重力波検出実験そのものの社会的な評価も上がり、ついにLIGO計画に予算がついたのです。

一九九七年に日本に戻った私は、国立天文台の助教授として、「TAMA300」という重力波望遠鏡の開発に参加しました。それまで日本では、国立天文台や宇宙科学研究所が二〇～一〇〇メートル程度のプロトタイプをいくつか開発しており、そこで培った技術を結集したのがTAMA300。その名のとおり、三〇〇メートルの基線長を持つレーザー干渉計型重力波検出器です。「TAMA」という名は、国立天文台三鷹キャンパスのある多摩地域にちなんで付けられました。

それまで米国、ドイツ、英国などで開発された重力波検出器が純然たるプロトタイプだったのに対して、TAMA300は実際に重力波を検出する可能性を持つ本格的な装置です。もちろん、将来の、より大型な装置のための技術開発も大きな目的のひとつでしたが、たまたま近くで大きな天体現象が起きれば、そこからの重力波をキャッチできるように設計されました。つまり「観測もできるプロトタイプ」というわけです。

たとえば天の川銀河内で中性子星連星の合体が起きれば、TAMA300はその重力波をつかまえられます。発生頻度は一万年に一度くらいですから確率は低いのですが、先ほどもいったとおり、強運に恵まれればそれは今日か明日の話かもしれません。

そのTAMA300で検出器グループのリーダーになった私は、非常に有能で勤勉な若手の頑張りのおかげで、二〇〇〇年に世界最高感度を達成することができました。カリフォルニア工科大学時代に四〇メートルのプロトタイプで出した記録を、自ら塗り替えたことになります。

しかし、世界最高感度を出すまでの道のりは決して楽なものではありませんでした。思うように感度が上がらなかった時期もありました。ところが、二〇〇〇年の夏、二つのノイズが感度を制限していることがわかりました。実は、そのうちのひとつは、先ほど紹介したカリフォルニア工科大学で見つけたあの複雑な雑音とほぼ同じものだったのです。なんと、昔に自分で見つけておきながらその存在をすっかり忘れていたのでした。私の凡ミスはともかく、これらのノイズを落とすことにより感度は改善し、みごと世界最高感度が実現されました。

改良→観測→改良……をコツコツ繰り返してきたLIGO

しかしその二年後に、四〇メートルプロトタイプを経て開発された米国のLIGOが重力波の観測をスタートさせました。基線長は、四キロメートル。TAMA300の一〇倍以上もある装置を、ルイジアナ州のリビングストンとワシントン州のハンフォードの二カ所に設置するビッグ・プロジェクトです。

レーザーが通る四キロメートルの道のり（これを私たちは「腕」と呼びます）を端から端まで真空の管でつなぐ（しかもその「腕」が直交する形で二本ある）のですから、いかに巨大な装置かは想像がつくでしょう。

LIGOの感度は、すぐに私たちのTAMA300を抜き去りました。それも当然で、圧倒的に規模の大きいLIGOは、観測の射程距離がTAMA300とは桁違いです。

初期のLIGOが最終的に到達した感度は、七〇〇〇万光年離れた場所で起きる中性子星連星の合体からの重力波をとらえられるレベルでした。TAMA300が一万年に一度のイベントしかとらえられないのに対して、こちらは一〇〇年に一度ぐらいの発生頻度です。

それでも自分が生きているあいだに起こるかどうか微妙な確率ではありますが、求めら

［図16］

LIGO

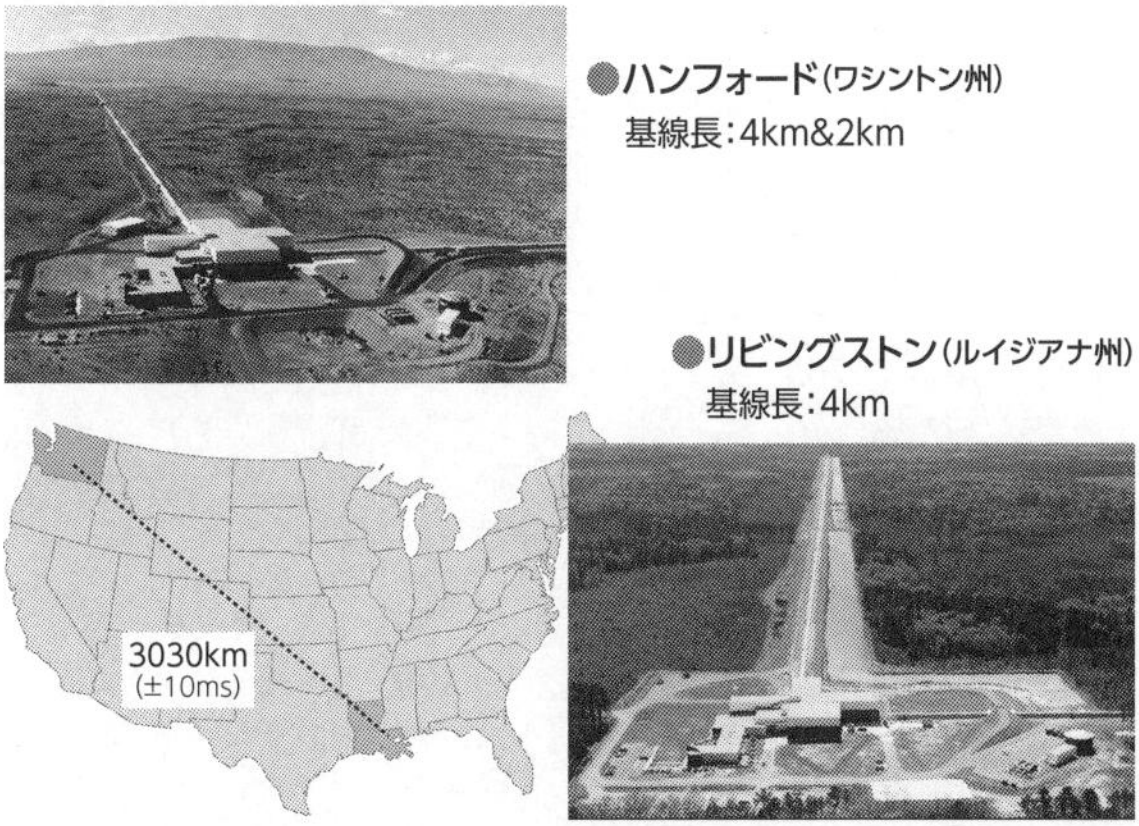

れる強運度はＴＡＭＡ３００と二桁も違います。ちょっと運が良ければ、地球から半径七〇〇〇万光年までの宇宙のどこかで、重力波を出すイベントが起こるでしょう。

しかし二〇〇二年から二〇一〇年までの観測では、ＬＩＧＯは宇宙からの重力波を検出できませんでした。一〇〇年に一度の幸運には恵まれなかったわけです。

とはいえ、これはＬＩＧＯ計画の第一段階にすぎません。二〇〇二年に観測を始めた装置は、「イニシャルＬＩＧＯ」と呼ばれていました。日本語にするなら「初期型ＬＩＧＯ」となるでしょうか。ＬＩＧＯは最初から、徐々に感度を上げていく計画になっていたのです。二〇〇九年にはレーザーパワーの増大などいくつかの点でアップグレードが行われ、「エンハンストＬＩＧＯ」と呼ばれました。

イニシャルＬＩＧＯとエンハンストＬＩＧＯは、重力波こそつかまえられなかったものの、その後の実験に役立つデータや知見を数多くもたらしました。そこで研究グループは当初からの予定どおり、二〇一〇年にいったんＬＩＧＯの運用を停止して解体し、検出器の感度を高める改良に取りかかります。

ただし「腕」の長さは改良後も四キロメートルで、従来と変わりません。感度アップのために改良されたのは、防振システムや、干渉計など検出器の部分です。

その改良作業が完了したのが、二〇一五年二月でした。計画の第二段階となる「アドヴァンストＬＩＧＯ」の誕生です。その目標感度は、改良前よりも一桁上のものです。エンハンストＬＩＧＯよりも一〇倍遠くまで「聞こえる」ということです。

これが電磁波の望遠鏡であれば、感度が一桁上がっても、キャッチできる天体現象の距離はルート一〇倍、すなわち、ほぼ三倍にしかなりません。それは、望遠鏡が電磁波のパワー（強度の二乗）を見るものだからです。しかし重力波検出器の場合は望遠鏡と違い、重力波の強度を見るものです。

したがって、感度が一桁上がると、届く距離は一〇倍になり、それによってカバーでき

［図17］

現在のLIGOの感度

2億光年遠方の中性子星連星の合体からの
重力波を検出可能（3年に1回の頻度）

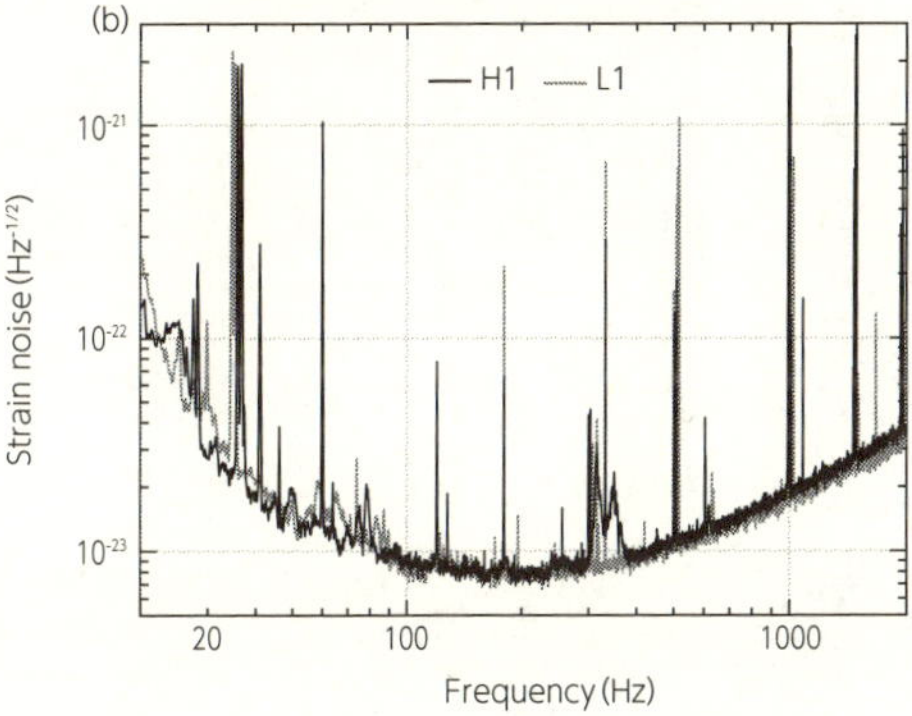

る範囲は（体積の計算と同じなので）一〇の三乗倍、つまり一〇〇〇倍になります。当然、そこで中性子星連星の合体のようなイベントが起こる頻度も一〇〇〇倍になります。したがって、エンハンストLIGOが「一〇〇年に一度」の現象を待っていたのに対して、アドヴァンストLIGOが相手にする現象は「一年に一〇回」と発生頻度が飛躍的に上がります。ですから、完成したアドヴァンストLIGOの観測が始まれば、おそらく一〜二年のあいだに重力波をキャッチするだろうと多くの人は予想していました。

しかし、それはもちろん目標感度を達成したら、の話です。干渉計の感度を上げることは一朝一夕にはいきません。ノイズ・ハンティングをこつこつと行い、数々の新しい雑音を発見してはそれらの原因を取り除いて、一年、二年と徐々に感度を上げていき数年ののちにやっと目標感度に到達することができるのです。しかし、観測可能な重力波がやってくる頻度がそれほどきちんとわかっているわけではありませんから、最終感度を達成する前に重力波が検出できる可能性も十分にあります。そこでLIGOでは感度を少し上げては観測し、また感度を少し上げては観測を行うという方針でいくことにしました。

そして最初の観測計画が今回行われたものでした。今回の観測前に達成されていた感度はエンハンストLIGOのおよそ三倍、つまり目標感度の約三分の一のものでした。この感度で中性子星連星からの重力波が検出できる可能性は三年に一度程度。今回の観測が四カ月間であることを考えると、かなり運が良ければ検出されても不思議ではありませんが、検出されなくても納得のいくものでした。

試運転中に重力波を検出したLIGOの幸運と希望

さて、正式な観測は、二〇一五年九月一八日に開始することが予定されていました。しかし実際には、その数日前から検出器の試験運転が始まっていました。ブラックホール連星の合体による重力波が地球に届いたのは、その実質的な運用開始からたった二日後の九月一四日です。運用開始が三日遅れていたら、その重力波は地球を通り過ぎてしまい、LIGOには検出できなかったでしょう。

LIGOの研究者たちに、いや、私たち人類に、幸運が訪れた瞬間でした。その日に受信したデータを時間をかけて慎重に分析した上で、翌二〇一六年二月一一日に発表されたのが、「初の重力波直接検出」だったのです。

今回LIGOが検出した重力波は得られたデータの詳しい解析の結果、一三億光年遠方で起こったブラックホール連星の合体から放射された重力波であり、二つのブラックホールはそれぞれ太陽の二九倍と三六倍の質量を持っていたことがわかりました。

また、合体後の質量は太陽の六二倍ということもわかりました。「あれ、ちょっと待てよ。二九＋三六＝六五だから、太陽の六五倍の質量を持つブラックホールができるはずじゃないの？」と思われるかもしれません。実は、これは、重力波の放射に伴って太陽の質量の三個分のエネルギーが持ち去られたことを意味します。

アインシュタインの特殊相対性理論によると、質量とエネルギーは等価であり、「$E=mc^2$」ですから、ほんの少しの質量が膨大なエネルギーに対応します。したがってこのエネルギーがいかに大きいものであるかが想像できると思います。実際、合体のときに放出されたパワーは、目に見える宇宙全体から発せられている可視光のパワーの五〇倍にもおよぶものでした。

また、ブラックホール連星の方向についても、二台の装置でとらえた重力波信号の時間差が〇・〇〇七秒だったことなどから、大マゼラン雲に近い領域を含む方向からやってきたことがわかりました。検出装置が三台あれば、それらの検出の時間差からもっと精度よくその方向がわかるはずですが、今回は二台しか動いていなかったので方向精度はそれほど高いものではありませんでした。

さて、ここで特筆すべきは、アドヴァンストLIGOの感度がまだ目標感度の三分の一しか出ていない状態で初検出がなされたことです。実際、今回の観測で重力波が検出されるであろうと思っていた人はそれほど多くはなかったと思われます。つまり、今回の初検出によって、重力波の発生源は我々の予想より多く宇宙に存在しているということがわかったことになります。したがって、もし、アドヴァンストLIGOが目標感度を達成すれば、重力波がどんどん検出されるようになると期待できます。

ところで、今回発見されたブラックホール連星は、太陽の三〇倍程度の質量を持っていました。では、このような質量のブラックホールはどのようにして形成されたのでしょうか？

これに関しては、諸説ありますが、現在比較的有力と考えられているのは、宇宙が誕生して最初にできた太陽質量の一〇〇倍以上の星が進化する過程で、できたものではないかという説です。これはまだ理論的な仮説にすぎませんが、今後アドヴァンストＬＩＧＯでブラックホール連星からの重力波が多数見つかるようになり、その質量分布がわかれば、この説が正しいかどうかも確認できるかもしれません。

サイエンスに国境はなく、嬉しさ一〇〇パーセント

重力波初検出のアナウンスがされたのは日本時間の深夜一二時半のことでした。いろいろな情報から、おそらく初検出の発表がなされるであろうとは思っていましたが、一〇〇パーセントの確証は持てませんでした。

妻と二人でインターネットの中継を固唾《かたず》を呑《の》んで見守っていましたが、ＬＩＧＯの代表であるデイヴィッド・ライツィ氏が「我々は重力波を検出した」と発表したときには、感激で胸がいっぱいになりました。

大学院のときから三〇年以上重力波検出の研究に関わってきた私にとってはまさに歓喜の瞬間でした。サイエンスにはあまり興味のない妻も自分のことのように喜んでくれました。その週末にはさっそく家族でレストランに繰り出し祝杯をあげました。

その後一週間ほどは歩いていても自然とスキップしてしまうほどの嬉しさでした。よく、「日本が初検出できなくて悔しい思いもありますか？」と聞かれますが、悔しさはまったくありません。常々、サイエンスに国境はないと思っているので、嬉しさ一〇〇パーセントです。

自分の中で最悪のシナリオは、「ＬＩＧＯが目標感度を達成して三年間観測を行ったけれども結局見つからなかった」というものでした。それは重力波の研究者にとっては、本当に悪夢といえるものですが、初検出がなされるまでは、その可能性も排除できなかったのです。したがって、そういう悪夢のシナリオが実際には起こらず、逆に予想より早く重力波が検出できたことで、心からほっとしました。

第三章　日本は「KAGRA」で挑戦する

重力波天文学のためには三つ以上の検出器が必要

ＬＩＧＯの重力波初検出は見事に成功しました。しかし、それでこの実験が終わったわけではありません。この成功は、あくまでも「重力波天文学」の始まりです。しかもＬＩＧＯだけでは、この新しい天文学は成立しません。これも、ふつうの望遠鏡による天文学とは違う、重力波天文学の特徴です。

電磁波を見る望遠鏡と違い、重力波を聞く望遠鏡、すなわち重力波検出器はほとんどすべての方向から届く重力波を聞くことができます。ふつうの望遠鏡は特定の天体がある方向にレンズを向けなければそこで起きるイベントを観測できませんが、重力波検出器はその必要がありません。常に、全方向に耳を傾けている状態です。

これはふつうの望遠鏡にはないメリットともいえますが、そこにはデメリットもあります。重力波がたしかに「聞こえた」ことはわかるものの、それがどの方向から届いたのかが、一台の重力波検出器ではわからないのです。

たとえばＬＩＧＯはブラックホール連星で生じた重力波をキャッチしましたが、その重力波源がどこにあるのかを正確には特定できません。地球からの距離は約一三億光年（四

［図18］

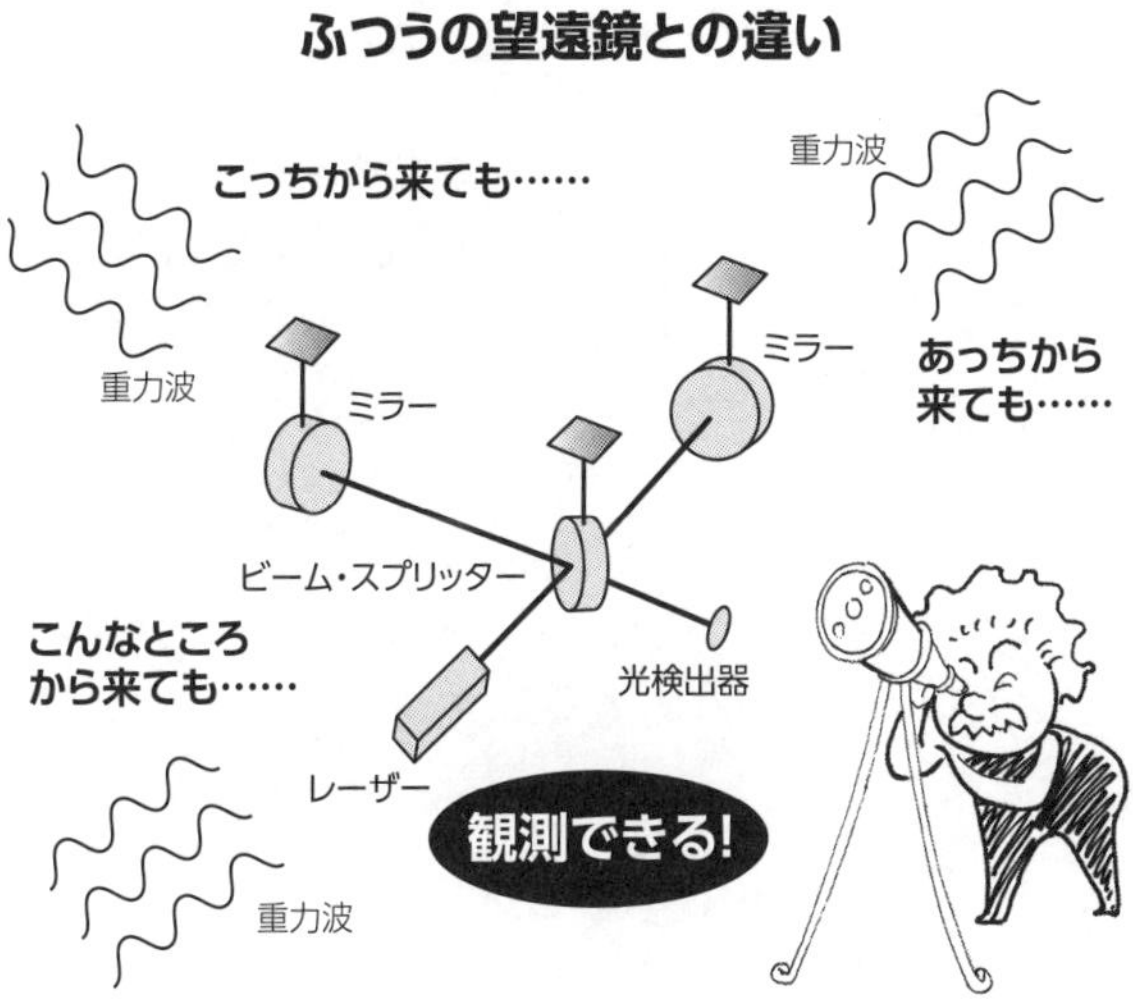

〇％程度の誤差があります）とわかっていますが、方向に関しては大マゼラン雲からさほど遠くない方向からやってきたことしかわかっていません。もちろんそれは画期的な大発見なのですが、天文学としては、それだけでは不十分だといわざるを得ません。

しかし、重力波源の方向を特定するのが不可能というわけではありません。ただしそのためには、地球上の離れた場所に少なくとも三つの重力波検出器が必要になります。同じ重力波を三カ所で受け止めれば、それぞれの時間差を計算することで、それがどちらから届いたのかがわかるのです。

［図19］

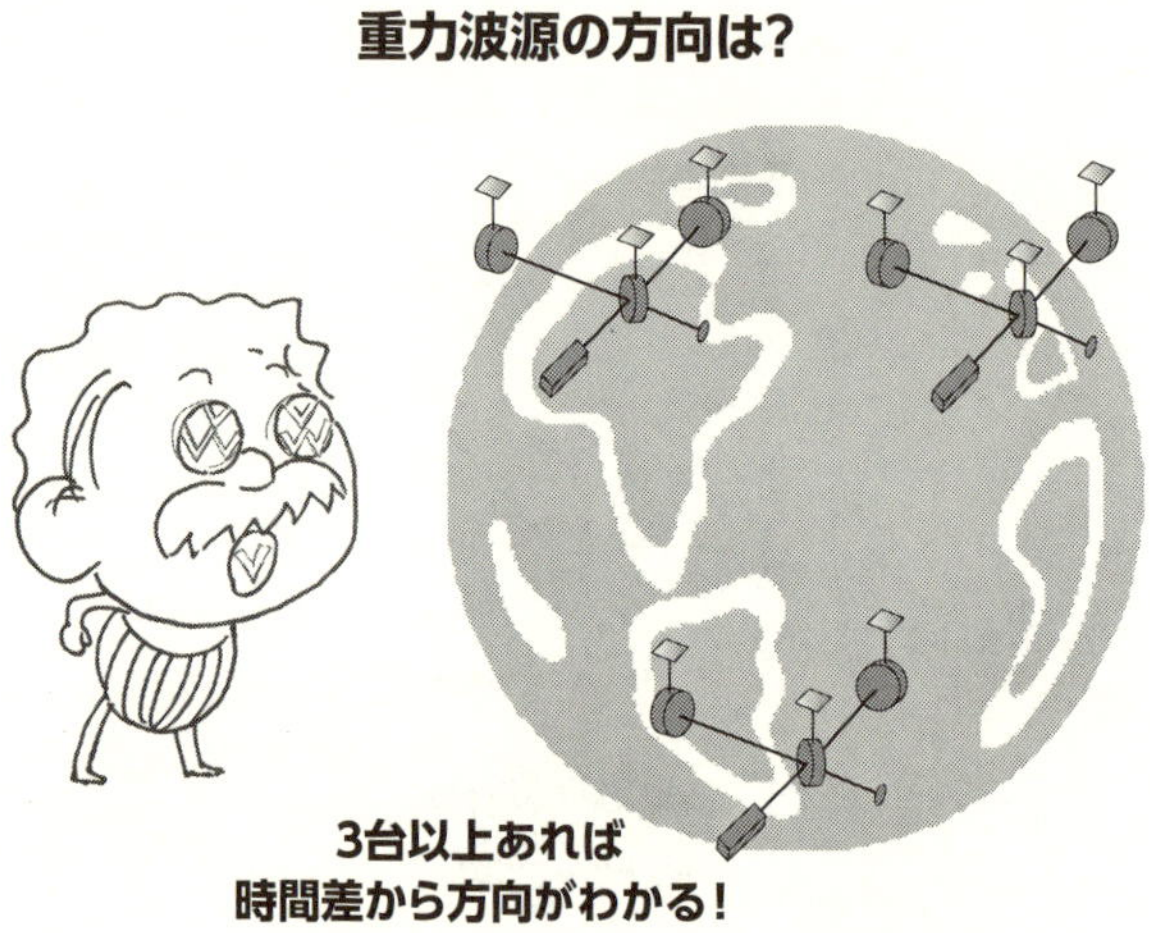
重力波源の方向は？
3台以上あれば
時間差から方向がわかる！

ただし、三カ所では方向を決められないケースもないわけではありません。これまで、重力波検出器はほぼすべての方向からやってくる重力波に対して感度を持つといってきましたが、不得意な方向もないわけではありません。三台の検出器があったとしてもそのうちの一台にとって、ある重力波が不得意な方向からやってきたものだとすると、その検出器は信号をとらえることができません。したがってその重力波については実質的に二台の検出器しか存在しないことになってしまいます。これでは、方向を決めることができません。そこで四台目、五台目の装置が必要となってくるのです。

さらに検出器の稼働率の問題もあります。

重力波検出器はスイッチを入れたからといってずーっと動き続けるようなものではありません。さまざまな外的要因により、動作を停止してしまうことがよくあります。そうなった場合は、再び動作状態にもっていかなければいけませんが、これには少し時間がかかります。また、装置を最高の状態に保つためには、定期的にさまざまな調整を行う必要があります。

これらを総合的に考えると、重力波検出器の稼働率はおよそ八〇パーセント程度と考えられています。もし装置が三台しかない場合、三台とも稼働する割合は八〇パーセントの三乗で五一パーセントとなってしまいます。これでは、やってくる重力波のほぼ半分しか方向を決めることができません。では、もし装置が四台あったらどうでしょうか？

四台のうち少なくとも三台が稼働する割合は、八二パーセントになり、大きく改善することができます。

ですから、重力波天文学を成り立たせるためには、地球上に同程度の感度を持つ重力波検出器を三つ以上つくらなければなりません。そして、その数は多ければ多いほど、重力波天文学としての質が高まっていきます。その観測データを総合的に分析することで、重力波源となった天体現象の詳細がわかります。

これを、どこか一国だけでやるのは、とても不可能です。複数の国の研究グループが協力し合わなければいけません。重力波天文学は、必然的に、国際的な共同研究になるのです。

米国、欧州、日本……競いながらも国際協力は大前提

そのため、これまで米国以外でもいくつもの重力波検出器がつくられてきました。もちろん、そこには競争関係もあります。前章で紹介したとおり、私自身もカリフォルニア工科大学やTAMA300で「世界最高感度」を目指す競争をしてきました。また、当然のことながら、LIGOが成功するまではどの国の研究者も「初の直接検出」を目指して努力していたことでしょう。しかし、そういう競争をしながらも、すべての重力波検出器は国際協力を前提として建設されてきたのです。

LIGOの重力波初検出自体、その背後には国際協力がありました。イタリアのピサには、LIGOとほぼ同時期にイタリアとフランスが中心となって共同で建設した「VIRGO」というレーザー干渉計があります。LIGOとVIRGOは二〇〇七年ごろからデータや分析システムなどを共有して共同研究をしていました。二〇一五年九月に届いた重

力波についても、ＶＩＲＧＯはＬＩＧＯからデータを受け取って分析していました。

　このＶＩＲＧＯも、ＬＩＧＯと同様、第一段階の観測を二〇一〇年に終えて、「アドヴァンストＶＩＲＧＯ」のためのアップグレード作業を進めていました。二〇一六年の終わりまでにはそれが完了し、観測を再開する予定です。もしそのアップグレードがＬＩＧＯと同じ時期に済んでいたら、同じブラックホール連星の合体による重力波をＶＩＲＧＯもキャッチしていた可能性が高いでしょう。

　欧州にはＶＩＲＧＯのほかに、ドイツと英国が共同開発した「ＧＥＯ６００」という小型のレーザー干渉計もあります。ドイツのハノーファーに建設されたこの施設も、観測装置の研究開発の点で、ＬＩＧＯに多くの知見を提供しました。

　ただしＧＥＯ６００は装置が小さく、感度はそれほど高くないので、ＬＩＧＯやＶＩＲＧＯと協力する「第三極」の装置にはなれません。また、ＬＩＧＯはルイジアナ州とワシントン州の二カ所にあるとはいえ、距離が近い。重力波天文学を発展させるには、やはりアジアやオーストラリアなどの欧米から離れた場所に第三、第四の重力波検出器が必要です。

　そこでＬＩＧＯはインドと協力してインド国内にＬＩＧＯと同規模のレーザー干渉計を

建設する計画を立ち上げました。インド国内での長い議論の末、最近ついにこの計画は認められました。しかし、もちろん、この計画は始まったばかりで、また、インドにとってはこれまでに重力波検出器の経験がないこともあり、完成までには長い年月がかかることが予想されます。そのため世界の重力波のコミュニティは、すでにTAMA300で実績のある日本に、以前から期待していたのです。

数々の困難を乗り越え、神岡鉱山地下に「KAGRA」建設

もちろん、日本もかねてから大型計画のビジョンを持っていました。東京大学宇宙線研究所の重力波グループが中心となって九〇年代終盤から構想した「大型低温重力波望遠鏡」計画がそれです。これは「Large-scale Cryogenic Gravitational wave Telescope」の頭文字をとって、「LCGT」と呼ばれました。

TAMA300に加えて、岐阜県の神岡鉱山の地下に基線長一〇〇メートルの「CLIO」を建設したのも、将来のLCGT建設を見据えてのものでした。

CLIOの施設には測地学のための地殻ひずみ計も設置されており、地球物理学の研究も行われています。しかしLCGTのプロトタイプとしても、それを地下に建設すること

[図20]

KAGRAは神岡鉱山の地下にある

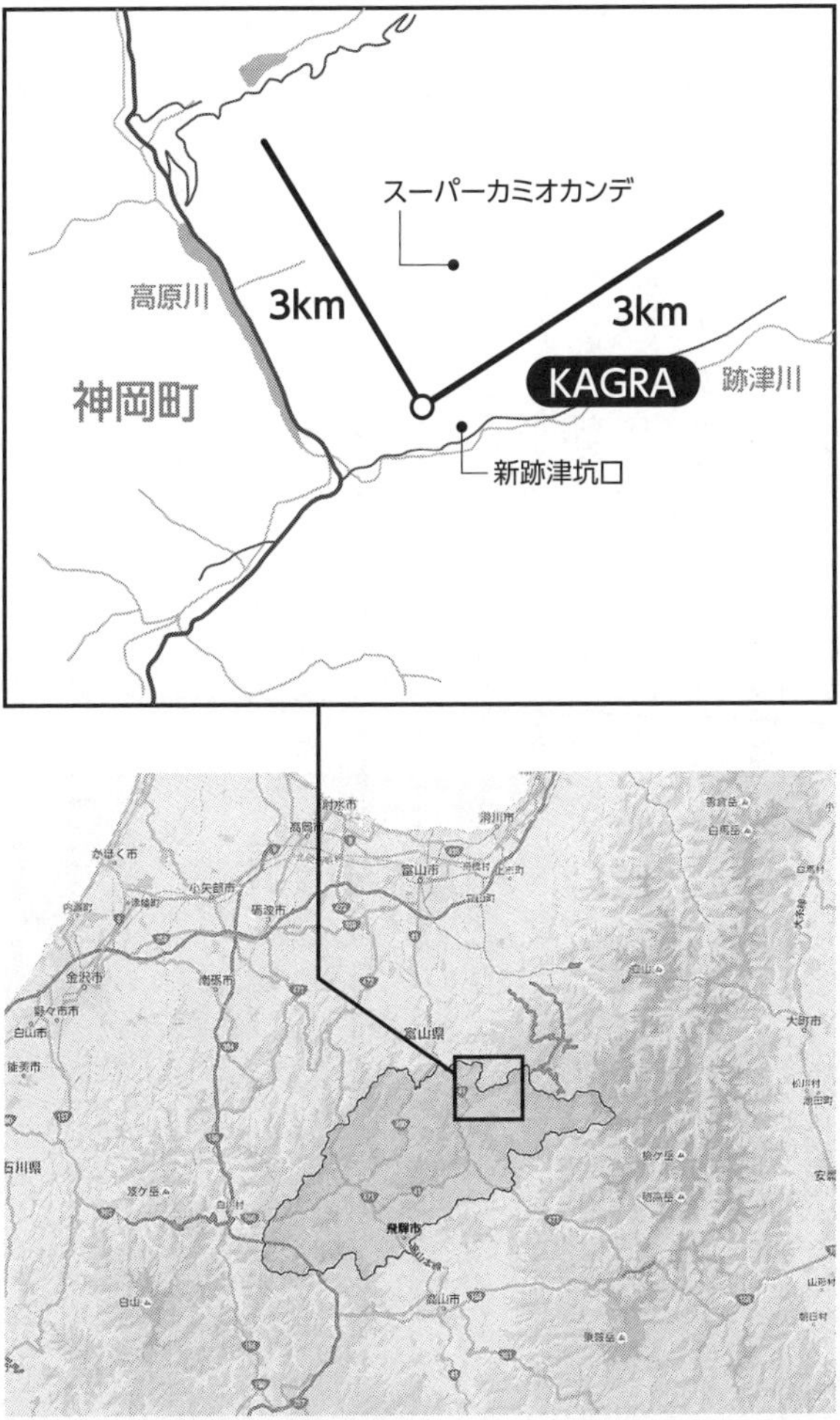

に意味がありました。日本はＬＩＧＯやＶＩＲＧＯとは違い、地下に基線長三キロメートルのレーザー干渉計をつくることを計画していたからです。

国土の狭い日本は、地上にＬＩＧＯやＶＩＲＧＯのような巨大施設をつくることが容易ではありません。しかし地下に長いトンネルを掘れば、それも可能です。神岡鉱山では、超新星ニュートリノを検出したカミオカンデや、ニュートリノ振動を発見したスーパーカミオカンデなど、地下実験施設の実績もありました。

それに、地下には地上にはないメリットもあります。固い岩盤に囲まれた鉱山の地下は、地上よりも地面振動が二桁ほども小さいので、余計なノイズを避けることができるのです。

また、ＣＬＩＯは世界で初めて、レーザーを反射する鏡に冷却サファイアを使用しました。これもＬＣＧＴを見据えたものです。その名称からもわかるとおり、ＬＣＧＴは装置を「低温」状態で稼働させる点が、ＬＩＧＯやＶＩＲＧＯにはない最大の特徴なのです。その理由はのちほど説明しますが、ＣＬＩＯでは低温動作の実験が次々に成功しました。

ＴＡＭＡ３００が世界に先駆けた本格的な重力波望遠鏡として感度を上げ、ＣＬＩＯも成果を挙げていましたから、ＬＣＧＴへ向けた準備は順調に進んでいたといえます。しかしこの大規模実験計画にはなかなか予算がつかず、関係者をやきもきさせていました。予

［図21］

KAGRA（大型低温重力波望遠鏡）の全体像

©東京大学宇宙線研究所重力波観測研究施設

算規模の大きい実験は世の中の経済情勢に左右されるので、研究者の思惑どおりに進むとはかぎりません。

研究の流れだけを見れば、二〇〇〇年にTAMA300が世界最高感度を記録したくらいの時期に、LCGTに予算がついても不思議ではありませんでした。しかしその頃、日本経済は長い不況の真っただ中でした。そのためなかなか予算がつきません。

そして、二〇一〇年についに「最先端研究基盤事業」においてようやく建設のための予算を獲得することができたのです。しかし、LIGOやVIRGOはその年に早くも初期型から「アドヴァンスト」への改良に着手していたわけですから、日本が大きく出遅れてしまったことは否めません。

しかも、私たち実験関係者がほっと胸を撫《な》で下ろしたのも束《つか》の間、その翌年の三月一一日に、東日本大震災が発生します。その影響で、この年に予定されていたトンネルの掘削開始は翌年に持ち越されました。

着工は、二〇一二年一月二八日。その日に東京大学柏キャンパスで行われた着工記念行事では、作家の小川洋子さんを委員長とする愛称決定委員会が選定した「ＫＡＧＲＡ（かぐら）」という愛称も発表されました。ＫＡＧＲＡには、いろいろな意味が込められていますが、そのうちの一つは、神岡の「ＫＡ」と重力波（Gravitational wave）の「ＧＲＡ」を合わせたというものです。

その後は順調に建設作業が進み、ＫＡＧＲＡの初期装置の入れ物の部分は二〇一五年一一月に完成しました。翌二〇一六年三月には、初期装置の動作に成功し、続いて試験運転を行いました。今後二〇一七年度には最終的な装置に近い形で運転することを目指して、性能を確認する作業を続けています。

[図22]

KAGRAの中に入ると……

トンネル入り口

3キロメートル真空パイプ

中央実験室

©東京大学宇宙線研究所重力波観測研究施設

［図23］

干渉計の感度を決める3つの雑音

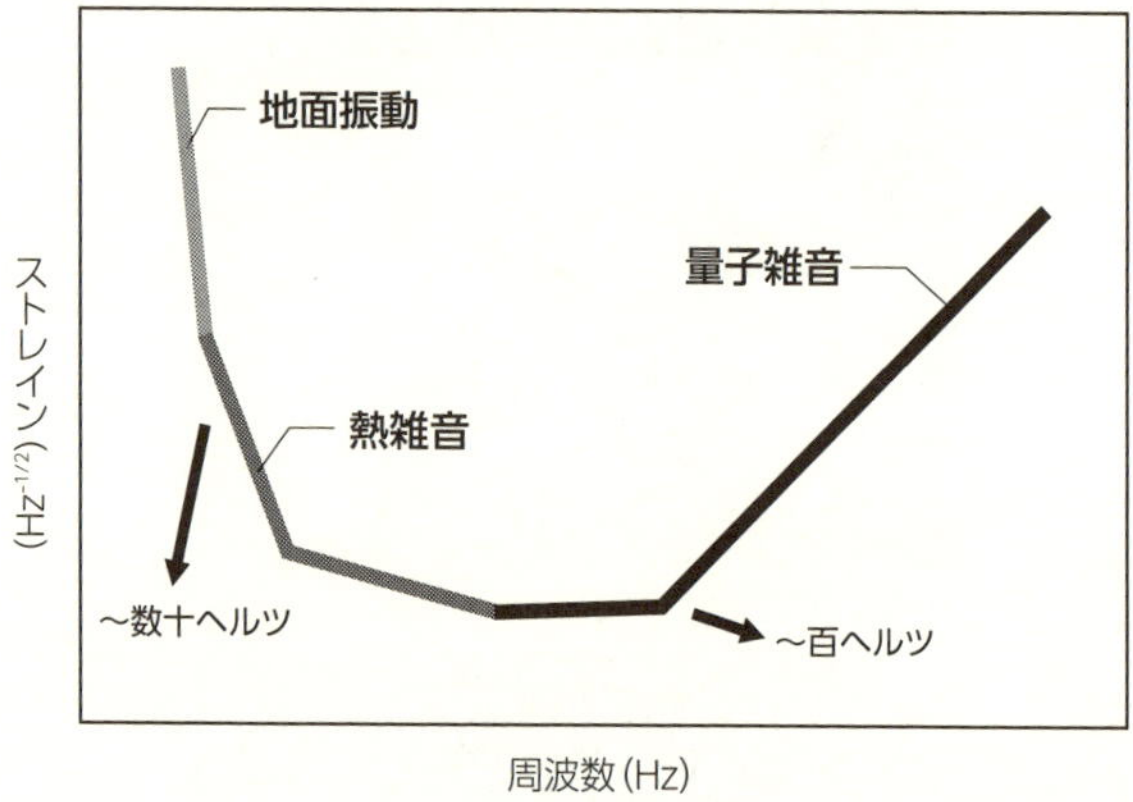

天井から多段階で鏡を吊り下げ地面振動ノイズをカット

本来、ＫＡＧＲＡは欧米のレーザー干渉計よりも「半歩先」を行く先進的な重力波望遠鏡として計画されました。改良されて「アドヴァンスト」になる前のＬＩＧＯやＶＩＲＧＯよりも高い感度を実現できるだけのポテンシャルを最初から持っているのです。

では、ＫＡＧＲＡはどんな工夫によって、感度を上げているのでしょうか。

レーザー干渉計の感度は、基線長が同程度だとすれば、あとは基本的な三つのノイズをどこまで下げられるかによって大きく左右されます。ちなみに、前章でも私が「ハンティング」したノイズの話をしましたが、あれは

［図24］

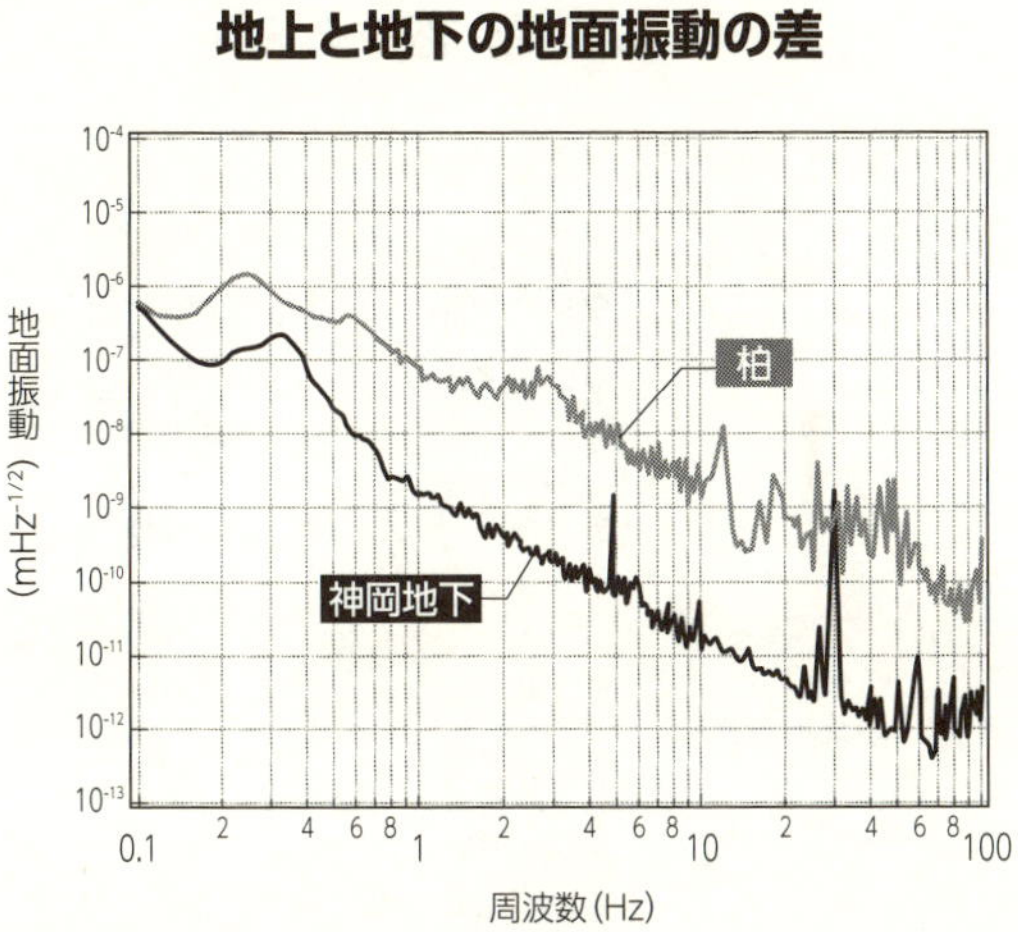

いずれも「基本的なノイズ」ではなく、さまざまな要因によって生じるノイズなので、設計の段階で予測できるものではありません。

設計段階で問題になる基本的なノイズは、「地面振動」「熱雑音」「量子雑音」の三つです。

図23のように、三つの基本ノイズは、それぞれ異なる周波数帯で装置の感度を制限します。KAGRAでは、この三つを克服するために、それぞれ独自の技術を取り入れました。

まず、低周波数で生じる地面振動について説明しましょう。

先ほども述べたとおり、地上では広いスペースを取れないという理由だけでなく、地面振動が少ないこともあって、KAGRAは神岡鉱山の地下一〇〇メートルにトンネルを掘

［図25］

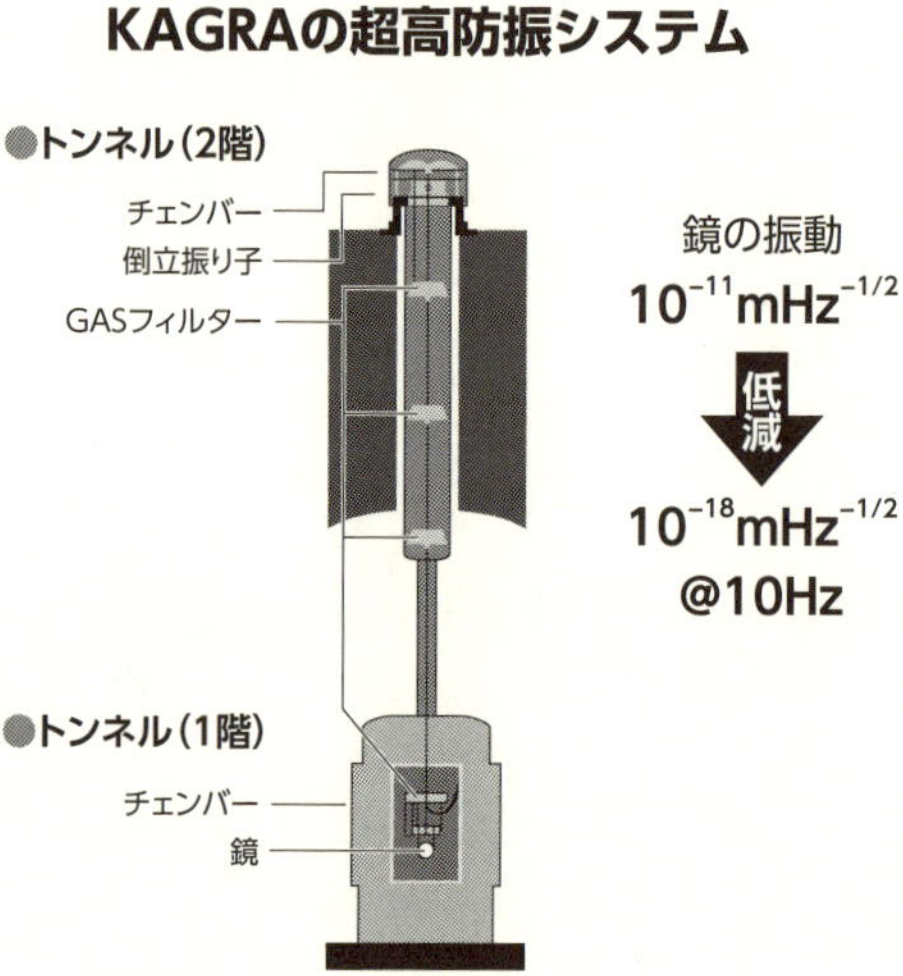

って建設されました。

地上との地面振動の差は、千葉県柏市内と神岡の地下を比較したグラフ（図24）を見れば、一目瞭然です。周波数が一ヘルツを超えたあたりからは、神岡のほうがおおむね二桁（つまり一〇〇分の一）も少なくなっています（比較対象として柏の地面振動を計測したのは、東大柏キャンパスに宇宙線研究所のオフィスがあるからです）。

しかし、地上より少ないとはいえ、地面振動の影響があることもたしかです。グラフを見ると、一〇ヘルツのところで神岡の地下は一〇のマイナス一一乗メートル程度の振動がありますが、これでも十分にノイズになる。この周波数帯では、レーザーの当たる鏡の揺れを一〇のマイナス一八乗メートルまで抑えなければ、重力波検出装置としては不合格です。

そこでKAGRAでは、図25のような超高防振システムを採用しました。このシステムのポイントは、天井から多段階で鏡を吊り下げることです。

同じ長さを一本のケーブルで吊り下げるよりも、多段階に吊り下げるほうが防振効果は高いのです。たとえば一〇ヘルツにおいて、いちばん上で一〇のマイナス一一乗メートルの振動が起きても、その下は一〇のマイナス一三乗メートル、つまり一〇〇分の一しか揺れません。段階を重ねるごとに、振動が一〇〇分の一ずつ減っていく。したがって四段階あれば、一〇のマイナス一一乗メートルの振動を一〇のマイナス一八乗メートル以下まで抑え込める計算になります。

この防振システムは、もともとVIRGOで採用されていた防振システムを改良したものです。そしてその改良版防振システムはアドヴァンストVIRGOにも取り入れられました。

ただしVIRGOは地上の施設なので、鏡を吊り下げるために高い塔を建てなければなりません。この場合、塔全体がひとつの構造体になるので、地面振動に対する共振が大きくなってしまいます。それに対して、KAGRAのトンネルは二階建て構造になっているため、構造上、大きな塔を建てる必要がありません。したがって大きな塔にともなう機械的な共振が起こりません。そのため、地面振動によるノイズを極限までカットできる装置になりました。

原子や分子のブラウン運動もノイズのもとになる

次に、熱雑音への対策を説明しましょう。

そもそも熱雑音とは何か。温度が高いほど装置にとってのノイズが大きくなるのですが、これは「熱」という現象が「振動」だからです。たとえば気温が高いときは空気中の分子（二酸化炭素や酸素や窒素など）が激しく運動しており、それが私たちには熱として感じられる。その運動がおとなしくなると気温が下がり、冷たく感じられます。

ちなみに、ある現象が分子の熱運動によって起こることを指摘したのは、アインシュタインでした。ある現象とは、液体や気体などの溶媒の中で微粒子が不規則に運動する「ブラウン運動」です。花粉の微粒子が水中で不規則に運動することを英国の植物学者ロバート・ブラウンが一八二〇年代に発見したのですが、その原因は長く謎のままでした。その謎を、アインシュタインが解決したのです。

ブラウン運動が粒子の熱運動による現象であることを示したアインシュタインの論文は、それまで不確実だった原子や分子の存在を実験的に証明するきっかけにもなりました。実に画期的な発見です。その重要な論文を、アインシュタインは特殊相対性理論の論文と同じ一九〇五年に発表しました。

それだけではありません。この年には、のちにノーベル物理学賞の授賞理由となった「光量子仮説」に関する論文も発表しています。こちらは、量子力学の幕開けを告げるものでした。いずれも物理学史に残る三つの論文を同時期に発表したのですから、一九〇五年がアインシュタインの「奇跡の年」といわれるのも当然です。

さて、原子や分子の熱運動は、私たち人間には「振動」としては感じられませんが、ほんのわずかな空間の歪みを調べる重力波検出器にとっては見逃せないノイズになってしまいます。そこでKAGRAは「低温鏡」を使ったレーザー干渉計として計画され、そのプロトタイプであるCLIOでも冷却サファイア鏡を導入しました。温度が高いほど熱運動が激しくなり、ノイズが増えるのですから、それをなくすには温度を下げればよいのです。

ただし、低温化の効き目はそれほど大きくありません。下げた温度のルート（平方根）

でしかノイズが減らないのです。たとえば温度を二分の一に下げた場合、振動は一・四（ルート二）分の一。温度を一〇分の一まで下げて、やっと振動を約三分の一まで減らせることになります。

装置をマイナス二五三度まで下げる冷却システム

KAGRAでは、レーザーを反射する鏡を二〇ケルビンまで冷やす冷却システムを開発しました。「ケルビン」は絶対温度の単位です。〇ケルビン＝絶対零度（熱力学の最低温度）が摂氏マイナス二七三・一五度で、二〇ケルビンはマイナス二五三度程度。神岡の地下は常温で二九〇ケルビン（摂氏一七度）程度ですから、この冷却システムによって約一五分の一まで温度を下げるわけです。

しかし、温度を下げるための冷却装置を鏡に直接つなげるわけにはいきません。機械の振動がそのまま雑音になってしまいます。そのためKAGRAの冷却システムでは、図26のように鏡を吊るすワイヤーを冷却装置で冷却し、そのワイヤーからの熱伝導によって鏡を冷やす仕組みにしました。

ただし全体を収納するタンクは常温なので、放っておくとそこからの輻射《ふくしゃ》によって内部

［図26］

KAGRAの低温システム

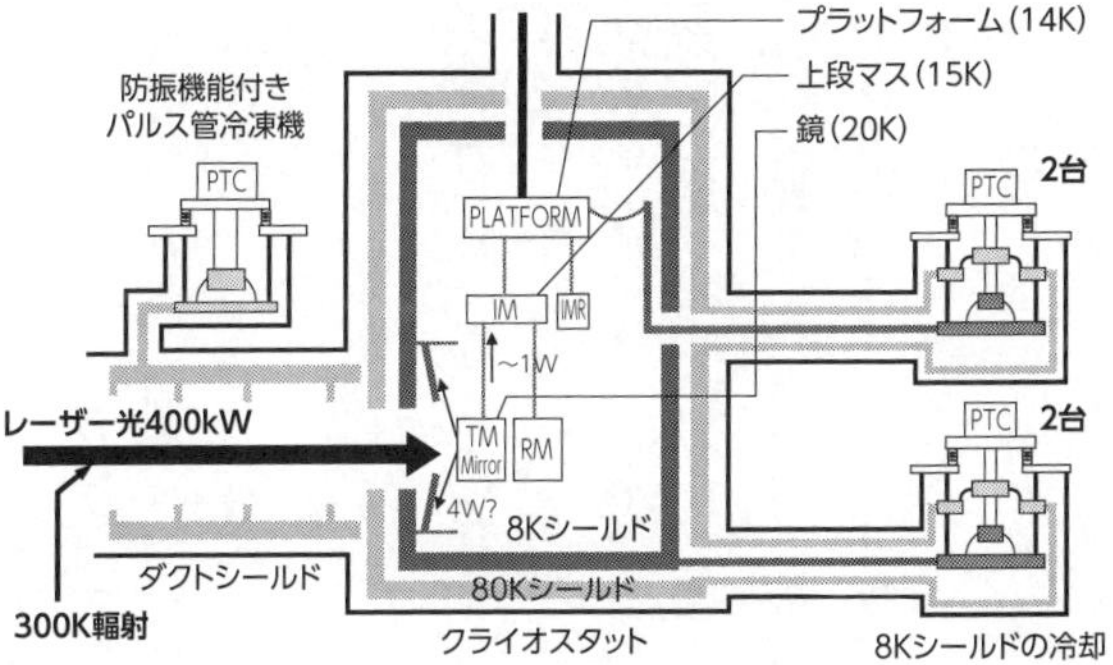

の温度が上がってしまいます。そのためタンクの内側には、二重のシールドを設けました。これによって、外側は八〇ケルビン、内側は八ケルビンの低温を保てるようになっています。

また、熱雑音を避けるには、鏡そのものの素材や材質もよく考えなければいけません。KAGRAがサファイア鏡を採用したのは、低温での熱雑音が低くなる性質を持っているからです。

ただし、サファイアならどんなものでも問題がないかというと、そんなことはありません。不純物が多いと透明度が下がり、鏡を通過する光が吸収されることによって温度が上がってしまいます。

サファイアと聞けば、ふつうはブルーに輝く美しい宝石を思い浮かべるでしょう。しかし、そういうサファイアはこの実験には使えません。というのも、サファイアの色が青くなるのは、そこにたくさんの不純物が含まれている証拠だからです。透明なサファイアでなければ、二〇ケルビンまで冷やすことができません。

そこで求められる透明度は、一センチあたりおよそ五〇ｐｐｍ。つまり、光が一センチ進んだときのパワーロス（吸収）を、一〇〇万分の五〇程度にまで抑えなければいけません。

光は「波」なのか「粒」なのか

ここまで、「地面振動」と「熱雑音」という二つの基本ノイズについてお話ししてきました。最後は「量子雑音」です。これはいったい、何でしょうか。

ここでも、またまたアインシュタインが登場します。先ほど述べたとおり、アインシュタインは「奇跡の年」に光量子仮説についての論文を発表し、それが量子力学が発展するきっかけとなりました。ここでアインシュタインが明らかにしたのは、光が「粒」の性質を持っているということです。

物理学の世界には、大昔から「光は粒か波か」という大問題がありました。たとえばニュートンは光を微小な粒だと考えましたが、同時代には光は「波」だと主張した物理学者もいます。

しかし一九世紀のはじめに、英国のトマス・ヤング（一七七三～一八二九）が、光が波であることを裏付ける実験を行いました。ひとつの光源から出る光を二つのスリットを通して反対側の感光紙にぶつけたところ、そこに波の特徴である干渉縞ができたのです。

光が粒であれば、このようなことはあり得ません。光の「着弾点」に幅は生じず、光源とスリットを結ぶ直線の先だけが感光します。光が波だからこそ、スリットから回り込むようにして干渉縞ができたのです。したがって長年の論争は、ここでいったん「光は波である」という結論に落ち着きました。

ところがその後、光を波だと考えたのでは説明できない現象が見つかります。金属に波長の短い光を当てると電子が飛び出す現象で、「光電効果」と呼ばれました。

この不思議な現象を理論的に説明したのが、アインシュタインの光量子仮説です。アインシュタインは光を波ではなく粒だとみなし、その粒が金属の電子を弾き飛ばすのだと考えました。そう考えると、光電効果が理解できるのです。

とはいえ、ヤングの「二重スリットの実験」で光が干渉縞をつくった事実も否定できません。たしかに、光は波の性質も持っています。

そのためここからは、光は「波」か「粒」のどちらかではなく、両方の性質を併せ持つと考えられるようになりました。光だけではありません。あらゆる粒子は、波であり、粒でもある。それが、ミクロの世界を記述する量子力学の基本のひとつになっています。実際、「粒」だと信じられていた電子も、二重スリットの実験で光と同じように干渉縞をつくることがたしかめられました。

「標準量子限界」という原理的な壁

ほかにも、量子力学には日常的な感覚では理解しにくい不思議な原理があります。マクロの世界を扱うニュートン力学では物体の動きをすべて運動方程式で決められますが、量子力学ではそうはなりません。

たとえば大砲を撃つとき、初速や弾の質量や角度などの初期条件が完璧にわかっていれば、それがどのような軌道を描いてどこに着弾するかは計算によって求められるでしょう。しかしミクロの世界では、それを確率的にしか予測できません。粒子の位置と速度、あるいは時間とエネルギーを、同時には決められないからです。その一方を正確に決めると、もう一方の値があやふやで不確定なものになってしまう。ドイツの理論物理学者ヴェルナ

［図27］

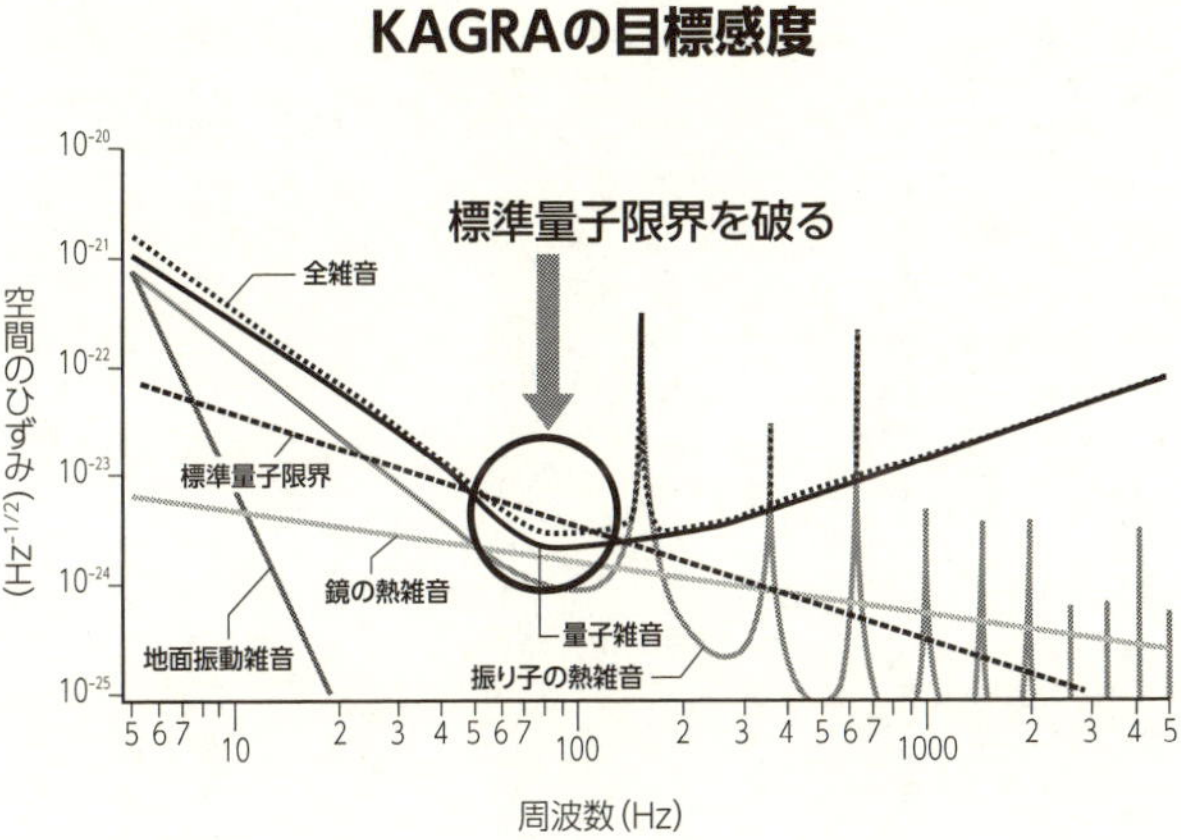

ー・ハイゼンベルク（一九〇一〜一九七六）が発見したその原理を「不確定性原理」といいます。

ここではあまり詳しく説明する余裕がありませんが、この原理があるために、ミクロの世界を扱う実験ではある種の「ゆらぎ」が生じてしまうのだと思ってください。それが、量子雑音の原因にほかなりません。

重力波検出装置で使われるレーザーは、「光子（フォトン）」という素粒子の集まりです。それを干渉計で計測するわけですが、光子の数には不確定性原理に基づくゆらぎがある。それが「ショットノイズ」と呼ばれる雑音を生じさせます。わかりやすく説明すると、たとえば一秒間に一〇〇個の光子を検出したとすれば、その値にはルート一〇〇、つまり一〇個程度のゆらぎが出てしまうのです。これでは厳密な測定はできません。

しかし、このショットノイズは光子の個数のルートに比例するので、レーザーの強さを上げれば(つまり光子の数を増やせば)相対的に小さくなります。一〇〇個に対して一〇個だとゆらぎが一〇%にもなってしまいますが、一万個に対して一〇〇個(ルート一万)なら、ゆらぎは一%。一〇〇万個に対して一〇〇〇個(ルート一〇〇万)なら、ゆらぎはわずか〇・一%になるのです。

ところが、話はこれでは終わりません。ショットノイズを解消するために光を強くすると、「輻射圧雑音」という別のノイズが増えてしまいます。強い光が鏡を叩《たた》くことで、振動が大きくなってしまうのです。その輻射圧雑音を減らすために光を弱めれば、ショットノイズが大きく出てしまう。あちらを立てればこちらが立たず……という二律背反がそこにはあるのです。

この矛盾が解消できないため、検出器の感度にはある限界があると考えられてきました。それを「標準量子限界」といいます。ショットノイズと輻射圧雑音の関係があるかぎり、図27のグラフで示した斜めのラインより下の領域は、光をどのように調節しても原理的に見ることができないと思われていたのです。

数々の工夫で「標準量子限界」を突破する

ＫＡＧＲＡでは、この限界を破って感度を上げる方法を採用しました。

もちろん、標準量子限界が理論的に間違っているわけではありません。その原理的な限界はたしかにあります。しかしそれによって生じてしまうノイズは、鏡の振動そのものに生じるのであって、私たちが検出する光の情報とは別物と考えることができます。鏡の位置にはノイズがあっても、そこから反射される光の情報を検出する際には、そのノイズをキャンセルするような見方ができる。干渉計は鏡の位置を測るのではなく、鏡がはね返した光の情報を測るものなので、ある細工をすることで、原理的なノイズをうまく誤魔化すことができるのです。

そのために利用するものを「ホモダイン検波」といいます。たとえば図28のような位置に別の鏡を用意して、同じ周波数の光（これがホモダイン検波）をはね返すのです。その検波の位相をうまく調整すると、反射光のゆらぎをキャンセルすることができ、輻射圧雑音のほうを消すことができます。ですから、ショットノイズを抑えるためにレーザーの強度を上げても、標準量子限界が発生しません。

［図28］

標準量子限界を突破する工夫

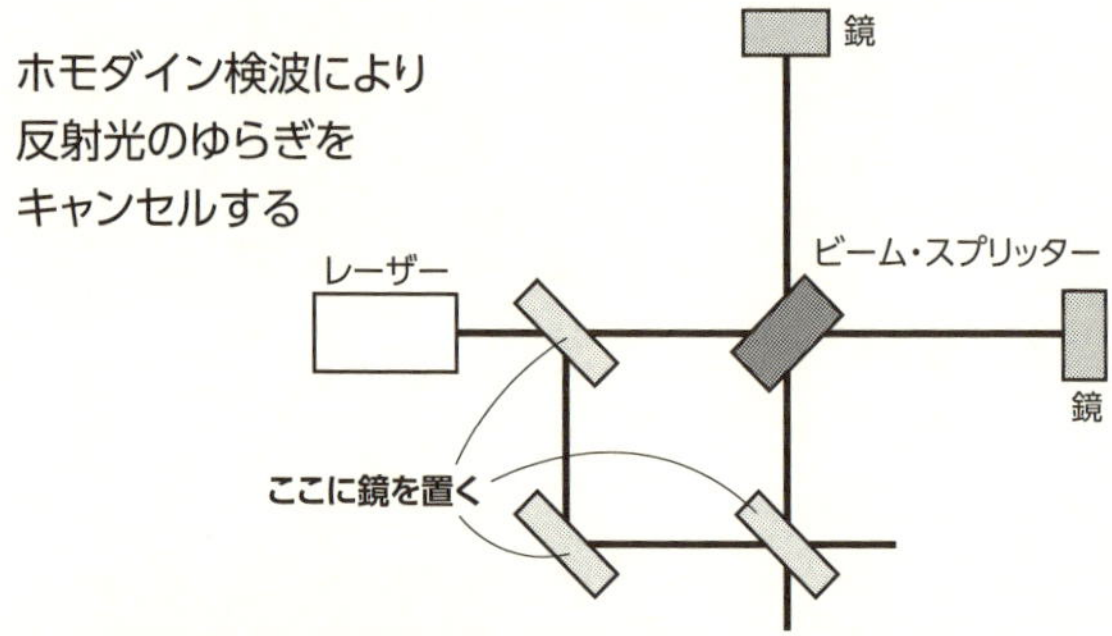

➡輻射圧雑音を消せる

➡標準量子限界を破る

これはもともと、ロシアの研究者が考案した実験方法です。しかしまだこれが本当にうまくいくのかどうかは、誰も検証していません。それをKAGRAで世界で初めて実証してみようというわけです。

ちなみに、KAGRAでは標準量子限界を破るもうひとつの方法も使います。それは、「光バネ」と呼ばれる仕組みです。

ショットノイズを減らすために光の強度を上げると輻射圧が高まって鏡が押されますが、鏡を共振点から少し離れたところにずらしておくと、その圧力が減ります。その減った圧力を押し戻そうとするのが、光バネ。右に行こうとすると左に戻され、左に行こうとすると右に戻される——という具合にバネのような効果を生むので、そう呼ばれるようになりました。

重力波が来た場合、光バネの共振周波数のあたりでは信号が増幅されます。そのために感度が上がり、量子雑音の問題が解消される。こちらはホモダイン検波と違い、すでに効果があることが実証されています。いずれにしろ、KAGRAは標準量子限界を突破して重力波に対する感度を高めることができるはずなのです。

重力波源の絞り込みを可能にする「帯域可変型干渉計」

以上、KAGRAが「地面振動」「熱雑音」「量子雑音」という三つの基本ノイズにどのような対策を講じているかを見てきました。三つめの量子雑音の話はやや難解だったかもしれませんが、地面振動と熱雑音を避けるためにKAGRAが「地下」で「低温」という選択をしたことは、よくわかってもらえたと思います。この二点は、LIGOやVIRGOとは異なるKAGRA独自の大きな特徴といえるでしょう。

次に、KAGRAの干渉計全体の構造を紹介します。

前に紹介したとおり、マイケルソン干渉計の基本構造は、光源、ビーム・スプリッター、二本のビームを反射する二枚の鏡、戻ってきた光を受け止める検出器でした。しかし、重

［図29］

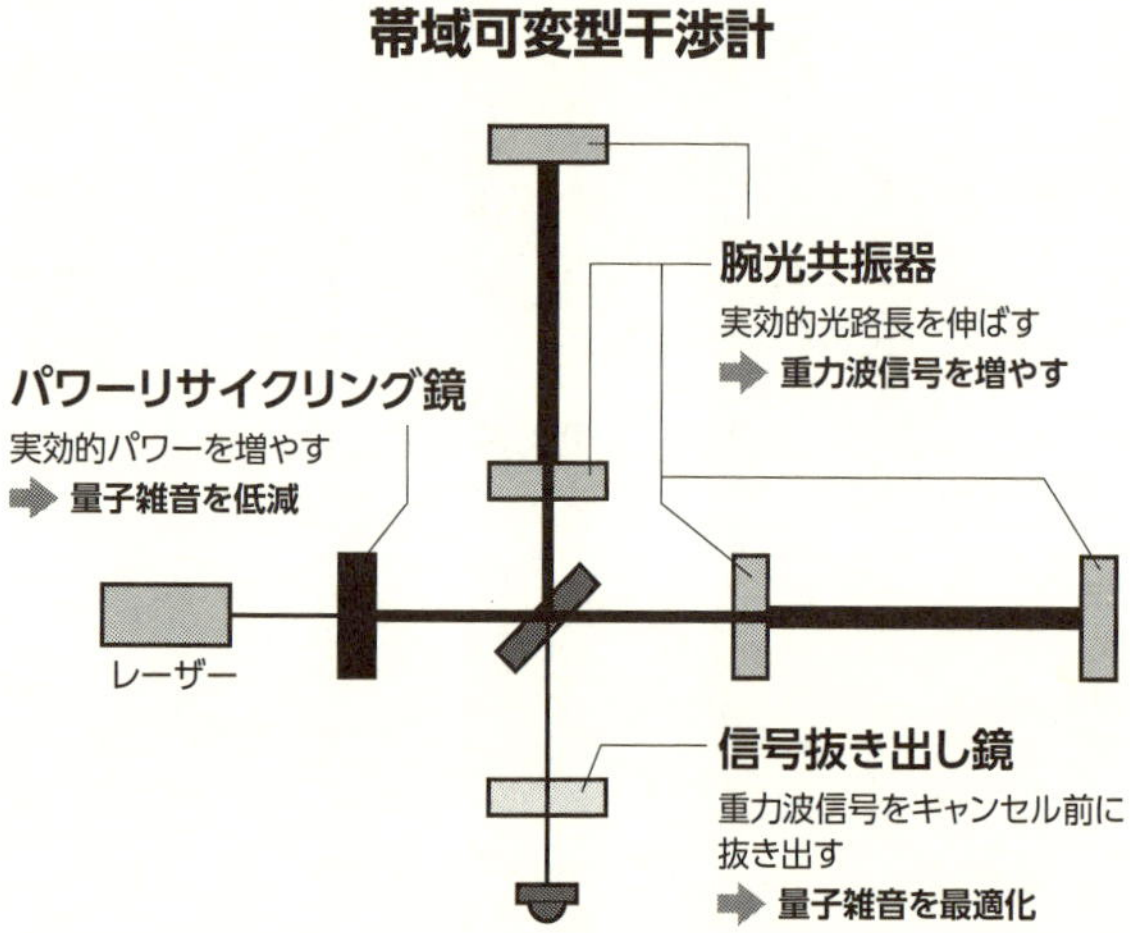

力波検出のためにつくられる現在のレーザー干渉計は、KAGRAも含めて、マイケルソン干渉計にはない鏡が図29のように四枚加えられています。「腕光共振器」を構成するための鏡が二枚、「パワーリサイクリング鏡」と「信号抜き出し鏡」が一枚ずつです。それぞれの役割を簡単に説明しておきましょう。

腕光共振器は、「腕」を行き来する光の位相を合わせて共振させるための鏡です。それによって、光の往復距離が波長の整数倍になるので、光が増幅する。空間の歪みによって鏡が動いたとき、光が実効的に一〇〇回行ったり来たりすれば、信号は一〇〇倍に増幅されるのです。

光源とビーム・スプリッターのあいだに置

かれたパワーリサイクリング鏡は、レーザーの強度を高める役割を果たします。

鏡が反射した光は光源のほうにも返ってくるので、それを、パワーリサイクリング鏡ではね返してやります。そのときに、光源からの光と位相を合わせてやると、全体が共振するような状態になって、レーザーの実効的なパワーが上がるのです。レーザーが強くなると、先ほど説明したとおりショットノイズが相対的に小さくなる。たとえばパワーを一〇倍にした場合、信号はそれに比例して一〇倍になりますが、ノイズはパワーの平方根に比例して三倍にしかならないので、感度が上がります。

最後に、検出器の手前にある信号抜き出し鏡。光が腕光共振器の中で長い間往復を繰り返していると、その間に重力波の位相が変わり、信号がキャンセルし弱まってしまいます。これでは感度が下がってしまうので、キャンセルされる前に重力波信号を抜き出したい。それが、この鏡の役割です。

従来の大型重力波検出器は、パワーリサイクリング法を用いた広帯域干渉計を基本設計としていました。なるべく広い周波数帯に網を張って、重力波検出の確率を高めたいからです。

しかし重力波検出後に本格化する重力波天文学にとっては、ある特定の帯域内の感度を高められること、さらにその帯域を自由に変えられることが求められます。個々の天体現象を詳細に調べるには、重力波源を絞り込むことが必要だからです。「帯域可変型干渉計」はそれを可能にするものです。

計画が立ち上がった当初の見込みよりも建設が大幅に遅れ、重力波の初検出はLIGOに譲る結果になりましたが、これから始まる重力波天文学の分野では、日本のKAGRAが大きな存在感を発揮することでしょう。

世界の重力波検出器は、日本のTAMA300、米国のイニシャルLIGO、欧州のVIRGOがいわば「第一世代」でした。「第二世代」が、アドヴァンストLIGO、アドヴァンストVIRGO、そしてKAGRAです。

しかしKAGRAは、ある意味で「二・五世代」ということもできます。各国とも、次の「第三世代」は「地下」で「低温」の重力波望遠鏡にすることをテーマにしているからです。実際、欧州で計画されている「アインシュタイン・テレスコープ」は、地下に基線長一〇キロメートルの低温レーザー干渉計をつくるというもの。その先駆けとなるのが、日本のKAGRAなのです。

空間が歪んだらモノサシも伸び縮みしてしまわないのか

ところで、読者の中には、レーザー干渉計型重力波検出器に対して、ある根本的な疑問を抱く人がいるのではないでしょうか。じつは私が一般講演会などで話をするときも、たまに鋭い着眼点を持つ方がいて、こんな質問を受けることがあります。「重力波によって空間が歪むと、その距離の変化を測る光のほうもその影響を受けて変化してしまうので、重力波の効果を測定できないのではないですか?」

空間の伸び縮みを測ろうとしても、そのためのモノサシも同じ割合で伸び縮みしてしまうから、重力波が来たときと来ていないときで同じ計測結果になってしまうのではないか——という疑問です。

そこが心配になる気持ちは、よくわかります。たしかに、空間といっしょにモノサシも伸び縮みするとしたら、空間が歪む前も後も一メートルは同じ一メートルとして計測されてしまうでしょう。

しかし、心配には及びません。重力波の存在を予言したアインシュタインの相対性理論に基づいて考えると、そのようなことは起こらないのです。これをきちんと説明するのはいささか専門的な話になってしまいます。そこで少し遠回りになりますが、アインシュタインの考えたことを理解するのに役立つ部分もありますので、「双子のパラドックス」の説明をしておきましょう。

双子の兄が光速に近い速度のロケットで遠くの星まで旅行し、弟が地球に残っていた場合、兄が帰ってきたときに二人の年齢はどうなっているか。相対性理論の入門書などに必ず出てくる話なので、ご存じの方も多いでしょう。

特殊相対性理論によれば、光速に近づくほど外の観測者から見た時間が遅れます。したがって、地球にいる弟から見ると、宇宙旅行をしている兄の時間はほとんど進みません。そのため兄が旅行から帰ってきたときには、弟だけが年を取っていることになります。双子が二〇歳のときに兄が二〇光年離れた星に光速に近いスピードで旅立ったのなら、往復に（弟の時間で）四〇年かかるので、兄はほぼ二〇歳のままなのに対して、弟は六〇歳になっているのです。

ここまでは、べつにパラドックスではありません。もちろん日常的な感覚からすれば不思議な話ではありますが、このいわゆる「ウラシマ効果」は、相対性理論から導き出される当然の現象。問題は、ここからです。

いまは弟から見た兄の時間を考えましたが、逆の立場から見るとどうでしょうか。運動は相対的なものなので、兄から見れば地球にいる弟が光速に近い速度で動いています。すると、遅れるのは自分の時間ではなく、弟の時間のほう。したがって、二〇光年先までの宇宙旅行を終えて地球に戻ったときは自分が六〇歳になっており、弟が二〇歳のままでいることになる。先ほどの話とは矛盾します。

では、一体どちらが正しいのか——これが「双子のパラドックス」です。

「双子のパラドックス」は前提が間違っている

しかし実をいうと、これはパラドックスでも何でもありません。兄と弟の運動が相対的に見れば同じだという前提が間違っているからです。

というのも、まず兄の乗ったロケットは加速度運動をしています。まず地球から飛び立つときは、速度ゼロから光速近くまで加速しなければなりません。目的地の星で折り返すときも、いったん減速してから逆方向に加速するでしょう。地球に着陸するときにも、減速します。減速も含めて、これはいずれも「加速度運動」です。

それに対して、地球上にいる弟は等速直線運動をしています。つまり、二人の運動は決して対称ではなく、条件が違うのです。したがって、弟から見た兄の時間の遅れと、兄から見た弟の時間の遅れは、同じではありません。

物理学では、移動中の兄は「加速度座標系」、地球にいる弟は「慣性系」にいるといいます。慣性系と加速度座標系では、時計の進み方が同じではありません。

ここで、第一章で紹介したアインシュタインの「生涯最高の思いつき」を思い出してもらいましょう。自由落下するエレベーターの中では「重力が消える」という話です。

エレベーターが停止している場合は、当然ながら中にいる人は地球の重力を感じます。同じことが、宇宙空間で加速度運動をする宇宙船の中でも起こります。宇宙空間には上も下もありませんが、乗員にとっては宇宙船の床を「下」だとすると、「上」に向かって加速すれば、地球に下から引っ張られるのと同じ力を感じるはずです。

このような思考実験によって、アインシュタインは「加速度座標系におけるみかけの力と重力は見分けがつかない」ことに気づきました。これを「等価原理」といいます。この原理が、一般相対性理論の大きな柱のひとつになりました。

特殊相対性理論は加速度のない座標系（慣性系）だけに当てはまる理論でしたが、一般相対性理論は加速度座標系を扱う理論になり、そこには（加速度と見分けのつかない）重力が含まれるようになったのです。

したがって、兄の乗ったロケットに固定した加速度座標系では、一般相対性理論を使う必要があります。そして、一般相対性理論によれば重力場の中では重力源から遠いほど時間が早く進むのです。したがって、兄が二〇光年先で逆噴射をしたときにはものすごい力で地球と逆方向に押し付けられるわけですから、それはつまり地球と逆方向に突然重力源が現れたのと同じことになります。したがってこの逆噴射をしている間に、弟はあっという間に年を取ってしまうのです。これが兄の座標系で見た場合の説明です。

大事なことは弟の座標系で見ても、兄の座標系で見ても、途中経過の説明は違ってきますが、最終的に測定できる現象（この場合、再会したときのお互いの年齢）は同じになるのです。つまり、相対性理論を扱う際は座標系の取り方により何がどのように起こるかの記述は違ってくるが、測定できる客観的な現象は同じ結果を与えるのです。

どの座標系で考えても光速は一定なので正しく観測できる

干渉計の重力波に対する振る舞いを考えるときも座標系の取り方によってその記述は違ってきます。

まずは局所慣性系という座標系を考えてみましょう。第一章でも述べたとおり、自由落下するエレベーターや宇宙船の中で、重力が完全に消えるわけではありません。リンゴの位置を変えてしまうような潮汐力は残ります。引力は感じなくても、空間の歪みは消えないのです。しかし、その歪んだ空間の中のごくかぎられた極小の場所を取り出せば、そこに働く潮汐力は無視できるようになります。自由落下するエレベーターが地球に比べて十分に小さいのなら、また、その落下距離も地球に対して十分小さいのなら、エレベーターの中は慣性系とみなしてよい。これを「局所慣性系」といいます。

レーザー干渉計でも、局所慣性系では光の速度が一定になります。つまり、重力の影響で伸びたり縮んだりしないということです。

そして、一般相対性理論に基づいて重力波の影響を計算すると、局所慣性系では、原点からの距離に比例して潮汐力が働きます。ビーム・スプリッターを原点とすると、そこからの距離に比例した力によって、鏡が動くわけです。それを計測する「モノサシ=光」は速度が一定なので、鏡までの距離が伸びていれば往復の時間が長くかかるでしょうし、縮んでいれば時間が短くなるでしょう。したがって、距離の変化をきちんと測ることができるのです。

これと同じことを、別の座標系で考えることもできます。ますます専門的な話になりますが、トランスバース＝トレースレス座標（TT座標）という特別な座標を設定すると、重力波により空間が歪んでも物体の位置が変化しません。その代わりに、こんどは光の見かけの速度が変わります。あくまでも「見かけ」の速度なので、特殊相対性理論の光速度一定の法則とは矛盾しません。この場合、重力波の影響を受けても鏡は動いていないことになりますが、光のほうは見かけの速度が変わるので、往復にかかる時間が遅くなったり早くなったりします。だから、重力波による空間の歪みを計測できることになるのです。

このように二つの見方がありますが、どちらの座標系で考えても、空間の歪みといっしょに光の速度が変わることはなく、したがって計測の結果には違いがありません。いずれにしろ、干渉計では重力波による空間の変化を正しく測ることができるのです。

第四章 重力波天文学が解き明かす宇宙の謎

KAGRAの最重要ターゲットのひとつは中性子星連星の合体

大型低温重力波望遠鏡「KAGRA」は、二〇一六年三月に試験運転を開始しました。私たちはこれを「iKAGRA」と呼んでいます。「i」は「イニシャル」の頭文字。初期型のKAGRAという意味です。

ただし残念ながら、iKAGRAはまだ重力波を検出できる段階ではありません。TAMA300やCLIOの経験はあるものの、私たちはまだ三キロメートルもの長い「腕」を持つ大型の干渉計を使ったことがないので、本格的な稼働の前にいろいろな試験を行い、装置の問題点を洗い出す必要があります。これをしっかりやっておかないと、次の段階にスムーズに進めません。

iKAGRAでその作業を徹底的にやった後、次は「bKAGRA（ベースラインかぐら）」の段階に入ります。二〇一七年度中には、低温干渉計を実現する予定です。ここから、徐々に感度を上げながら重力波の観測を行うことになるのです。

あらためていうまでもなく、アインシュタインの予言どおりに重力が存在し、それをレーザー干渉計で検出できることは、米国のLIGOが見事に証明してくれました。ですから、もはや初の重力波直接検出はＫＡＧＲＡの目的ではありません。重力波を使って宇宙のことを詳しく調べるのが、この実験に課せられた使命です。

では、ＫＡＧＲＡでは、どのような天体現象からの重力波を検出することが期待されているのでしょうか。これからの重力波研究は、そこが重要な問題になります。

重力波源になり得る天体現象は、第一章でも紹介しました。超新星爆発、中性子星連星やブラックホール連星の合体などです。ＫＡＧＲＡも、それらの観測を目指していることはいうまでもありません。

問題は、ＫＡＧＲＡの感度でどれぐらい遠くからの重力波を「聞く」ことができるかという点です。より遠くからの重力波をキャッチできるだけの感度があれば、その効果は距離の三乗に比例して大きくなる。それだけ多くのイベントを観測できるわけです。

たとえば、中性子星連星の合体。これはＫＡＧＲＡにとっていちばん重要なターゲットのひとつと目されています。ただし中性子星連星はこれまでに一〇個程度しか見つかっていないので、その合体がどれくらいの頻度で発生するのかは正確にはわかりません。いまのところは、ひとつの銀河で一万年に一回ぐらいの頻度で起こると考えられています。

だとすると、重力波を検出できるエリアに一万個の銀河があれば、一年に一回のペースで中性子星連星の合体を観測できることになります。ＫＡＧＲＡが目指している重力波検出レンジは、およそ七億光年。その範囲にある銀河の数は、一〇万個は下りません。そこで一万年に一回のイベントがあるなら、ＫＡＧＲＡでは中性子星連星の合体を一年に一〇回くらい観測できる計算になります。

発生頻度が不確定なので、検出頻度は一年に一回になってしまう可能性もあれば、一年に一〇〇回になる可能性もあるのですが、中性子星連星の合体をコンスタントに観測できるようになると、これまで大きな謎だった現象の正体を解明できるかもしれません。それは、「ガンマ線バースト」という現象です。

謎の現象「ガンマ線バースト」の正体を探る

ガンマ線とは、一般的にはＸ線よりも高いエネルギー領域の電磁波のことで、たとえば一部の放射性元素が放出します（実はＸ線との違いは発生機構にあります）。

そのガンマ線が宇宙のどこかで閃光《せんこう》のように放出されるのが、ガンマ線バーストという現象です。初めて観測されたのは、一九六七年のこと。発見したのは、米国の核実験監視衛星でした。核兵器の実験による放射線を検出するのが目的でしたが、そのガンマ線は発生源がわからない。しかし六年後の一九七三年に、当時の衛星データを分析したところ、それが地球上の核実験ではなく、太陽系の外からやってきたことが判明しました。

ガンマ線バーストは、決してめずらしい現象ではありません。現在は、一日に数回起きることがわかっています。発生するのは天球上のランダムな位置で、特定の方向から来るものではありません。

その発生源が不明なので、この現象を起こす天体はとりあえず「ガンマ線バースター」と呼ばれています。一般的な超新星爆発の数十倍のエネルギーを持つ「極超新星」をガンマ線バースターとする説が有力になっていますが、そもそもこの現象の発生メカニズム自体がわかっていませんし、ガンマ線バースターがすべて同じ種類の天体とはかぎりません。ひとくちにガンマ線バーストといっても、その継続時間は一秒以下から数時間までさまざまです。それほどの差があれば、原因も多様だと考えるのが自然です。

その中でも、一秒以下で終わるものは「ショートガンマ線バースト」と呼ばれており、これは中性子星連星の合体によるものではないかと考えられています。もしそうだとしたら、ショートガンマ線バーストと重力波が同時に地球に届くはず。ガンマ線測定装置と重力波望遠鏡の観測結果を合わせることで、その正体を解明できる可能性があるのです。

ちなみにこれについては、まだ「イニシャル」だった時期のLIGOに大きなチャンスがありました。二〇〇七年二月一日に、アンドロメダ銀河を含む方向からショートガンマ線バーストが発生したのです。アンドロメダ銀河は、私たちの天の川銀河からいちばん近い銀河。イニシャルLIGOの感度でも、中性子星連星の合体による重力波を検出できる距離にあります。ですから、もしそこで中性子星連星の合体が起きたのであれば、「初の重力波直接検出」は八年早く実現していたでしょう。

しかし残念ながら、このときは重力波を検出できませんでした。ガンマ線バースターが、もっと遠くにあったのかもしれません。あるいは、ショートガンマ線バーストを起こす別の現象だった可能性もあります。「ソフトガンマ線リピーター」という現象があり、これは重力波をあまり出さないのです。もちろん、ショートガンマ線バーストの正体が中性子星連星の合体ではないという可能性もあるでしょう。

いずれにしろ、このときのLIGOは、ガンマ線バーストと同時に「重力波が届かなかった」ことを明らかにしました。これも、大いに意味のある結果です。アンドロメダ銀河の距離なら重力波を検出できる感度を実現していなければ、そこで中性子星連星の合体が起きたのか起こらなかったのか判断できません。ある範囲でのイベントを確実にとらえられる感度を達成していれば、たとえ重力波を検出できなくても、意義のあるサイエンスとなるのです。

超新星爆発の観測はスーパーカミオカンデとの連携プレーで

さて、ＬＩＧＯが発見したブラックホール連星の合体も、当然、ＫＡＧＲＡのターゲットとなります。検出レンジはブラックホールの大きさによりますが、太陽質量の二〇倍程度のブラックホールであれば、六〇億光年ぐらい離れたものまで見つけることができるはずです。

すでにお伝えしたように、ＬＩＧＯが二〇一五年九月に発見したのは、太陽質量の三六倍のブラックホールと二九倍のブラックホールの合体でした。地球からの距離は一三億光年ですから、サイズも距離もＫＡＧＲＡの検出レンジに入っています。

ですから、もしＫＡＧＲＡが二〇一五年九月の時点で本格稼働していれば、同じ重力波をキャッチできたでしょう。もちろんＶＩＲＧＯも、バージョンアップが間に合っていれば検出できました。そうやって三カ所で同じ重力波をキャッチすれば、重力波源（この場合ならブラックホール連星）の方向をほぼ特定できるわけです。ＬＩＧＯはルイジアナ州とワシントン州の二カ所にあるので、ある程度は方向を調べることができますが、発見したブラックホール連星の位置は「大マゼラン雲の方向を含む、満月二〇〇〇個分の領域のどこか」という低い精度でしかわかっていません。

ブラックホール連星はまだLIGOが二つ見つけただけなので（二〇一五年一二月に二つめの重力波が検出されたとの発表が二〇一六年六月にありました）、その発生頻度は中性子星連星の合体と同様によくわかりません。LIGOの初検出の前までは、六〇億光年までのレンジで太陽質量の二〇倍程度のブラックホール連星が合体するのは、一年に〇・四回～一〇〇〇回と見積もられていました。五桁も幅があるのでは大ざっぱすぎると思われてしまうかもしれませんが、少なくとも「何万年に一回」のような話ではありません。しかし、今回のLIGOの検出によりこの幅は相当小さくなります。

一方、もうひとつの主要な重力波源である超新星爆発は、ブラックホール連星の合体ほど検出頻度は高くないでしょう。発生する重力波があまり強くないと考えられるので、KAGRAの感度で検出できるのは三〇〇万光年程度までと予想されています。そのレンジで超新星爆発が起きる頻度は、数十年に一回くらいです。

もしKAGRAが超新星爆発の重力波を検出したら、神岡の宇宙線研究所は大忙しになるかもしれません。数十年に一回のイベントですからそれだけで十分に大変なことなのですが、超新星爆発からはニュートリノも飛んできます。神岡にはスーパーカミオカンデもあるので、そちらも検出される可能性が高いのです。いわば、「重力波天文学」と「ニュートリノ天文学」の共演状態。双方が同じ超新星爆発をとらえれば、ほかの国の重力波検出器のデータがなくても、確実に「これは超新星爆発からの重力波だ」と特定できるだろうと思います。

重力波が検出できなかったことから、わかったこと

また、「連星」ではない中性子星（パルサー）もＫＡＧＲＡでの検出が期待される重力波源のひとつです。中性子星連星は一〇個程度しか見つかっていませんが、パルサーは一九六七年に初めて発見されて以来、すでに一六〇〇個ほど存在が確認されました。

ただし前述したとおり、パルサーは軸対称に回転していると重力波を出しません。何かしらの凹凸があって、回転が軸対称からズレている場合に重力波が出ます。すでに発見されているパルサーの中では、かに星雲にある「かにパルサー」や、南半球で見える帆座（ベラ）にある「ベラパルサー」などが、ＫＡＧＲＡで検出できるレベルの重力波を出し

［図30］

検出が期待される他の重力波源

●パルサー
……かに、ベラ、銀河系内の
見えていないもの
●初期宇宙
……標準モデルではないもの
●謎の天体
……自然は私たちを
驚かすのが好き!

ているのではないかと見られています。

ちなみに、かにパルサーは一〇五四年に起きた超新星爆発で誕生した中性子星。その超新星爆発は昼間でも見えるほどの明るさで、藤原定家の『明月記』にも著者が人から聞いた話として記録されています。

このかにパルサーに関しても、イニシャルＬＩＧＯが（ガンマ線バーストと同じく重力波は検出していませんが）有意義な観測結果を出しました。

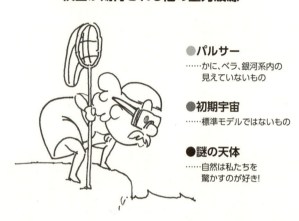

かにパルサーは、三〇ヘルツの周波数で回転しています。しかし、そこから出る重力波の周波数は、それと同じではありません。

重力波は四重極放射という特別な放射なので、物体が半回転したときに一周したのと同じ状態になります。そのため、パルサーが一秒間に三〇回転するなら、重力波は一秒間に六〇回変化する。つまり、三〇ヘルツのパルサーから出る重力波は六〇ヘルツになるのです。

しかし重力波を出すとエネルギーが持ち去られるので、パルサーの回転は次第に遅くなります。それがどのくらいの割合で遅くなっているかは、観測によって知ることができます。

その割合のことを「スピンダウンレート」といいますが、重力波は、このスピンダウンレートよりも多くのエネルギーを持ち出すことができません。つまり、それによってパルサーが出している はずの重力波の上限値が決まるわけです。

かにパルサーからの重力波が、その上限値の四％を上回る強さであれば、イニシャルLIGOの感度で検出できるはずでした。それが検出できなかったということは、重力波はもっと少ないということです。

したがって、パルサーの回転が遅くなっている原因は、重力波がエネルギーを奪っているからだけではありません。重力波の影響は四％以下にすぎず、それ以外の原因のほうがはるかに大きいということになります。おそらく、電磁波放射や摩擦などによって多くのエネルギーを失い、それによって回転が遅くなるのでしょう。

しかしいずれにしろ、イニシャルLIGOが重力波を検出できなかったことで、かにパルサーが出しているはずの重力波の強さを絞り込むことができました。そういう観測実績の積み重ねが、次の発見につながるのです。

予想すらしていない「謎の天体」が見つかるかも

いま説明したとおり、パルサーがあれば必ず重力波が検出できるというわけではありません。ただしその一方で、重力波でなければ発見できないパルサーもあります。

これまで電波、X線などで発見されたパルサーは、たまたま地球からパルスが見える角度になっていたため、灯台のように規則正しく発光するのが観測できました。パルサーの光は、中性子星の南北の磁極から噴出するビームなので、回転の向きによっては地球からまったく見えません。それが地球から見えるような位置関係にあるパルサーは、おそらく三〇個に一個ぐらいでしょう。つまり、大半のパルサーは、電磁波では発見することができないのです。

しかしパルサーが発する重力波は、回転方向がどちらであろうと、あらゆる方向に伝わります。したがって、電磁波の望遠鏡では見ることができないパルサーでも、KAGRAのような重力波望遠鏡なら見つけることができるのです。

そのような天体は、パルサー以外にもあるかもしれません。

パルサーは三〇個のうち一個は電磁波で見ることができますが、もし、それがまったく不可能な天体があったとしたら、私たちはまだその存在さえ知りません。でも、重力波望遠鏡ならそれが見える可能性があります。重力波望遠鏡は、いままで人類が見ることができなかったものを見られるようにする道具ですから、これまで予想もしなかったような「謎の天体」が発見されるかもしれないのです。

その謎の天体は、重力波は出していても、電磁波は出していません。そのような天体がたくさん見つかったら、私たちの宇宙観は大きく変わってしまう可能性もあります。あくまでも可能性の話とはいえ、想像しただけでも興奮してくる人は多いのではないでしょうか。KAGRAが切り開く重力波天文学の世界に、私たちを驚かせるどんな興奮が待っているかは、まだ誰にもわからないのです。

宇宙は膨張している＝宇宙には「始まり」がある

次に、少し別の角度から、重力波天文学の持つ可能性を紹介しましょう。

電磁波も重力波も、光速で進む性質を持っています。ですから、たとえば一三億光年離れたブラックホール連星の合体による重力波は、一三億年かけて地球に届きました。LIGOは「地球時間」の二〇一五年九月にそれを検出しましたが、そのブラックホール連星の合体は一三億年前に発生したわけです。

このように、私たちがさまざまな望遠鏡で見るのは、現在の宇宙の姿ではありません。遠くを見れば見るほど、昔の宇宙を見ていることになります。

そして、昔の宇宙は現在の宇宙と同じではありませんでした。それがわかったのは、一九二九年のことです。

その年に、米国の天文学者エドウィン・ハッブルが、地球から遠い銀河ほど速い速度で遠ざかっていることを発見しました。その速度は、距離に比例します。地球のある天の川銀河は宇宙の中心にあるわけではないので、これは、宇宙のどの銀河から見ても同じ法則が当てはまるはず。宇宙のどの点から見ても、遠くの銀河が距離に比例する速度で遠ざかっているのですから、宇宙そのものが膨張しているとしか考えられません。それ以外に、この現象を説明する方法がないのです。

この発見があるまで、多くの研究者が、宇宙は「永遠不変」の空間だと思い込んでいました。アインシュタインもそうです。ところが自分でつくり上げた一般相対性理論の重力方程式を解くと、宇宙が膨張し、やがて物質の重力によって収縮するという答えが出てしまう。そのためアインシュタインは当初、その方程式に「宇宙項」と呼ばれる定数を挿入しました。それがあれば、宇宙を永遠不変に保てるのです。

宇宙項についてもう少し説明します。もし宇宙を膨張も収縮もしていない状態にしたら、そのあとはどうなるでしょう。宇宙に存在する星々にはお互いに引力（重力）が働いていますからだんだんと近づいてくるはずです。したがって、宇宙を膨張も収縮もしない状態にとどめておくには、引力に抗する力、つまり斥力のようなものが必要になります。これが、宇宙項です。

しかしハッブルの発見によって宇宙膨張が明らかになったので、宇宙項は取り下げざるを得ませんでした。このとき、アインシュタインは、宇宙項に関して、「人生最大の失敗」と悔やんだということです。

さて、宇宙が永遠不変ではなく、膨張してどんどん大きくなっているのであれば、過去

［図31］

宇宙は膨張している

の宇宙は現在よりも小さかったことになります。時間を逆回しにしてどんどん遡《さかのぼ》れば、やがてその大きさは無限に小さくなり、それ以上の「過去」はありません。つまり、宇宙には「始まり」があったことになるのです。

そこで生まれたのが、「ビッグバン理論」でした。ロシア出身の米国人物理学者ジョージ・ガモフらが唱えた仮説です。ガモフの考えによれば、生まれたばかりの宇宙は超高温・超高密度の熱い「火の玉」でした。それはそうでしょう。宇宙には星や銀河など多くの物質があり、そのエネルギーを狭い空間に凝縮していけば、密度も温度も高まります。宇宙はその「火の玉」から始まり、膨張するにつれて温度が下がって、現在の状態になった。それがビッグバン理論です。

ビッグバンの証拠「宇宙マイクロ波背景放射」の発見

ビッグバン理論には強硬な反対論もありましたが、その正しさを裏付ける大発見が一九六四年にありました。米国のアーノ・ペンジアスとロバート・ウィルソンによる、「宇宙マイクロ波背景放射（CMB）」の発見です。

ガモフらの理論は、ビッグバンの「火の玉」から放射された光が、現在の宇宙でも観測できることを予言していました。その光の波長は宇宙の膨張によって引き伸ばされ、現在はマイクロ波となって宇宙全体を満たしているというのです。だとすれば、そのマイクロ波は宇宙のあらゆる方向から地球に届くはずです。

米国のベル研究所で電波天文学の研究をしていたペンジアスとウィルソンは、あるとき、原因不明の雑音がすべての方向から届くことに気づきました。宇宙論の専門家ではない彼らは、ガモフの予言のことなど知りません。消えない雑音に苦慮した二人は、原因はアンテナ自体にあるのではないかと考え、装置に巣をつくっていたハトの糞《ふん》を懸命に掃除したそうです。

それでも雑音が消えないので、プリンストン大学の天文学者ロバート・ディッケに電話で相談したところ、これが歴史的な大発見であることがわかりました。こうして宇宙マイクロ波背景放射が見つかったことで、宇宙が本当にビッグバンによって始まったことが明らかになったのです。

その宇宙マイクロ波背景放射の詳細な研究などから、現在は、ビッグバンがおよそ一三八億年前に起きたこともわかりました。先ほど述べたとおり、私たちは遠くを見るほど過去の宇宙を見ることができます。つまり、望遠鏡で一三八億光年先を見れば、「宇宙の始まり」を見ることができるわけです。

しかし、私たちが見ている宇宙マイクロ波背景放射は宇宙の始まりではなく、ビッグバンが終わった後の残光にすぎません。その光が放たれたのは、宇宙が始まってから三八万年後のことでした。宇宙の本当の始まりを見るには、もっと遠くを見る必要があります。

ところが、どんなに望遠鏡の性能を高めても、電磁波では宇宙マイクロ波背景放射よりも遠くを見ることはできません。というのも、生まれた当初の宇宙はものすごい高エネルギー状態だったため、さまざまな粒子が激しく飛び回っていました。そのため、正の電気を持つ原子核は負の電気を持つ電子をつかまえることができません。

この自由に飛び回る電子が、光の行く手を邪魔します。電子と相互作用をしてしまうので、光はまっすぐに進むことができないのです。したがって、その時代の光は地球に届きません。だから、見えないのです。

膨張によって宇宙のエネルギー状態が下がり、動きの遅くなった電子を原子核がつかまえられるようになるまで、三八万年かかりました。これを「宇宙の晴れ上がり」といいます。そこでようやく、光はまっすぐに進めるようになりました。この光が、宇宙マイクロ波背景放射にほかなりません。

重力波なら、ビッグバンの前、誕生直後の宇宙が見える

では、「晴れ上がり」より前の時代の宇宙を見ることはできないのでしょうか。そんなことはありません。光（電磁波）では絶対に見ることができませんが、重力波なら話は別。電磁波と違い、重力波は飛び回る電子に邪魔されることなく、どんな状態でもまっすぐに進むからです。

ですから、初期宇宙から重力波が出ていれば、それを検出することによって、私たちは生まれたばかりの宇宙の姿を知ることができます。いや、赤ん坊の誕生にたとえるなら、それは母親のおなかから出てくる前の宇宙の姿だといったほうがいいかもしれません。電磁波で見ることができるのは、いわばビッグバンで「出産」された後の宇宙です。それに対して、重力波は精子と卵子が合体して受精卵ができたような段階の宇宙を見せてくれるはずなのです。

しかし、原子核が電子をつかまえて原子を構成することもできなかったのですから、晴れ上がる前の宇宙には星も銀河もありません。中性子星やブラックホールや超新星爆発といった重力波源は存在しないわけです。いくら重力波がまっすぐに進むといっても、重力波源がないのでは、それを観測することもできません。

［図32］

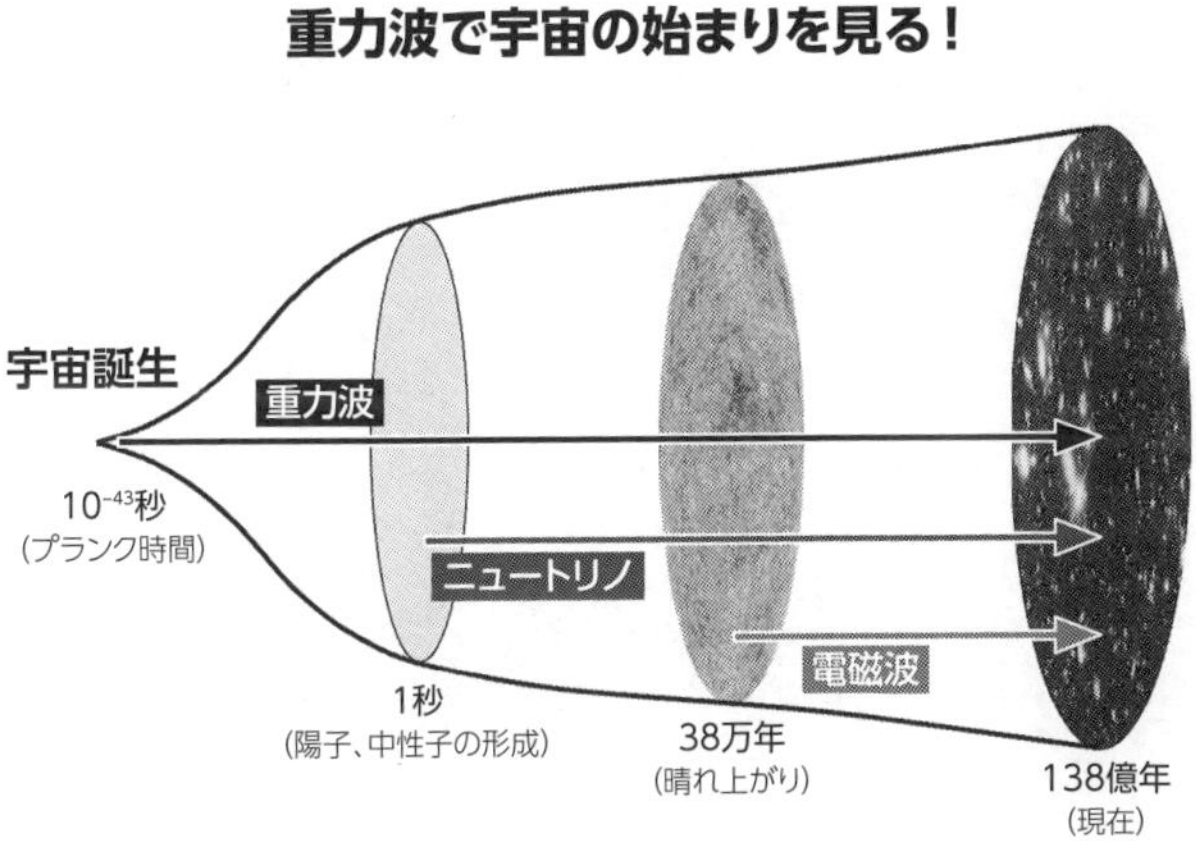

ところが、天体と呼べるものがまったく存在しない初期宇宙で重力波が発生したはずだと予言する理論があります。もしその理論が正しければ、「宇宙はどのように始まったのか」という大問題に対して、重力波望遠鏡で迫ることができるでしょう。

その理論は、一九八〇年代に登場しました。日本の佐藤勝彦先生と米国のアラン・グースがほぼ同時に提唱した「インフレーション理論」です。

まるで経済学用語のようですが、物価や通貨の話ではありません。ここでいう「インフレーション」とは、宇宙の急膨張を意味しています。その理論によると、誕生直後の宇宙はほんの短時間のうちに倍々ゲームのすさまじい勢いで膨張しました。

短時間といっても、一秒とか〇・一秒といったレベルではありません。典型的なモデルでは、一〇のマイナス三五乗〜三四乗秒という、一瞬の出来事です。そのあいだに、宇宙の体積は少なくとも一〇の七八乗倍になりました。

これは、アメーバが銀河サイズになるような倍率です。ふつうの感覚では、とてもそんなことが起きるとは思えません。

このインフレーションが起きたとされるのは、「ビッグバンの前」です。インフレーション理論によれば、宇宙はいきなり熱い「火の玉」として始まったのではありません。

そもそもガモフらのビッグバン理論は、なぜ宇宙が超高温・超高密度の「火の玉」になったのかを説明していませんでした。それを説明するのが、インフレーション理論です。それによれば、インフレーションが終わったときに放出された膨大なエネルギーが、ビッグバンという「火の玉」を生み出したと考えられるのです。

この理論はあまりに突飛な話だったため、発表当時は専門家のあいだでもまともに受け取られませんでした。ただ、本書では詳述しませんが、「平坦性問題」や「地平線問題」といった宇宙論における大きな謎が、インフレーション理論によって解決できることもたしかです。この理論が正しければ、現在の宇宙の姿を説明できる——その意味で、きわめて魅力的な理論なのです。

物質のない初期宇宙でなぜ重力波が発生したのか

当初は突飛すぎると思われたインフレーション理論ですが、宇宙マイクロ波背景放射の精密な観測が進んだことで、その評価は高まりました。まだその正しさが証明されたわけではありませんが、宇宙マイクロ波背景放射の「ゆらぎ」が、インフレーション理論に基づく予想値とよく合うのです。それをもってインフレーションが本当に「あった」とまでは断言できないけれど、「なかった」と決めつけることもできない——現在は、そんな状況だと思ってもらえばいいでしょう。多くの研究者がインフレーションは「あった」と思っていますが、まだ「動かぬ証拠」は見つかっていないのです。

そして、インフレーションが本当に起きたことを示す「動かぬ証拠」が、その理論が予言する重力波にほかなりません。

しかし、質量を持つ物質が存在せず、ただ空間だけがあったビッグバン前の宇宙で、なぜ重力波が発生するのでしょうか。本書でも、重力波は「質量のある物体が加速度運動を

［図33］

宇宙マイクロ波背景放射の「ゆらぎ」

©ESA, Planck

したときに生じる」と説明しました。

実は、インフレーション理論が予言する初期宇宙からの重力波は、エネルギーの量子的なゆらぎによって発生した重力波がインフレーションにより引き伸ばされたものです。

先ほど、宇宙マイクロ波背景放射には「ゆらぎ」があるという話をしました。これが、インフレーションによって発生する「波」と関係しています。

宇宙マイクロ波背景放射は、当初、全天からまったく同じ温度で降り注いでいると見られました。その温度が三ケルビンなので、「3K放射」と呼ばれることもあります。しかし人工衛星を使った精密な観測が行われると、そこにはほんのわずかな温度差があることがわかりました。

その温度のムラを表しているのが、上に掲げた画像です。これは、欧州宇宙機関が二〇〇九年に打ち上げたプランク衛星が全天を観測したもの。それ以前にも、米国が一九八九年にCOBE、二〇〇一年にWMAPという人工衛星を打ち上げ、宇宙マイクロ波背景放射の全天マップを発表しました。プランク衛星の画像は、その最新版です。

わかりやすく色がつけられているので、大きな温度差があるようにも見えますが、実のところその濃淡は一〇万分の一の差にすぎません。しかし、その小さなゆらぎには大きな意味があります。

「量子ゆらぎ」がインフレーションで宇宙全体に広がった?

ここで話は、急に宇宙からミクロの世界に飛びます。

宇宙マイクロ波背景放射のゆらぎは、「真空とは何か」という問題と深い関係があります。ミクロの世界を扱う量子力学の考え方では、この世に何もない空っぽの「真空」はあり得ません。これも、前に紹介した不確定性原理に基づくものです。

不確定性原理によれば、時間とエネルギーを同時に決めることはできません。一方を正確に測ると、一方の値が曖昧になります。そのため、時間を正確に決めると、エネルギー量の幅が大きくなる。したがって――じつに不思議なことではありますが――ごく短い時間であれば、「何もない」はずの真空でも、ある程度のエネルギーが存在できてしまうのです。

そして、アインシュタインが特殊相対性理論で示した有名な「$E=mc^2$」という式によれば、エネルギー（E）は質量（m）と本質的に同じ（つまり転換可能）です。「c」は光速で、これは秒速三〇万キロメートルという大きな数字ですから、わずかな質量が莫大《ばくだい》なエネルギーに変換されることをこの式は表しています。逆にいえば、ある程度のエネルギーがあれば、それをわずかな物質（粒子）に変換できるということです。

そのため真空状態では、一瞬だけエネルギーを真空から「借りる」ような形で粒子が生まれ、すぐに消滅してエネルギーを真空に返す——ということがくり返されています。それによって、何もないはずの真空は常にゆらいでいる。このゆらぎのことを「量子ゆらぎ」といいます。

さて、誕生直後の宇宙は（まだ大きく膨張していないので）、量子力学が支配するミクロの世界でした。ですからインフレーション理論では、そこでも「量子ゆらぎ」が起きていたと考えます。

宇宙マイクロ波背景放射の温度ゆらぎ（温度差）は、その量子ゆらぎを「タネ」にして生じました。COBE、WMAP、プランク衛星などが観測した一〇万分の一という温度ゆらぎが、理論的な予測値とよく合っていたからこそ、そのデータはインフレーション理論を支持するものと見なされているのです。

そして、この量子ゆらぎが影響を与えたのは、宇宙マイクロ波背景放射だけではありません。インフレーション理論では、空間の量子ゆらぎが急激な膨張によって引き伸ばされ、宇宙全体に広がっていると考えます。それが、現在では長い波長の重力波として観測されるはずだというのです。

この重力波は、宇宙全体に充満しているので、消えることがありません。中性子星やブラックホールなどからの重力波は短時間で地球を通り過ぎてしまうので、タイミングが合わなければ検出できませんが、インフレーション由来の重力波は昨日も今日も明日も私たちのまわりに存在します。いま、あなたの体も、その重力波を受けているはずなのです。

インフレーション由来の重力波からは何がわかるか

この重力波を検出することに成功すれば、まず、インフレーションというすさまじい現象が初期宇宙で本当に起きたことが証明されます。これは、宇宙の成り立ちを解明する上で、きわめて大きな前進です。

さらに、検出した重力波を詳しく分析することで、そのインフレーションがどのようなものだったのかがわかります。

宇宙マイクロ波背景放射も、まずそれが発見されたことによって、ビッグバンが本当に起きたことが証明されました。しかし、それだけで研究が終わったわけではありません。発見されたものを詳細に調べることで、ビッグバンの様子や宇宙の構造などが次々と明らかになっています。

インフレーション由来の重力波にも、初期宇宙に関する情報がいろいろと書き込まれているにちがいありません。とくに、インフレーションの時期や規模などの情報を得ることが重要です。

八〇年代に提唱されたインフレーション理論は、その後、多くのバリエーションが生まれました。現在、その種類は一〇〇を超えるほどです。無論、どれも「初期宇宙でインフレーションが起きた」と考える点は同じですが、そこで主張されているインフレーションの実態はさまざまです。インフレーションが起きたことが証明されたら、その理論のうちどれが正しいのかを見極めなければなりません。

そこで大きな決め手になるのが、重力波の分析です。予言される重力波の周波数などは理論によって異なるので、性質を詳しく調べれば調べるほど、どの理論が正しいのかを絞り込むことができます。

ただしKAGRAが目指している感度では、さまざまなインフレーション理論が予想する重力波すべてをカバーすることはできません。とくに、標準的な理論で予想される重力波は非常に弱いので、KAGRAで検出するのは困難です。

しかしインフレーション理論の中には、極端に強い重力波の存在を予想するものもあります。それが正しければ、KAGRAで検出される可能性はあります。検出されなくても、その観測結果には意味があります。イニシャルLIGOがそうだったように、「ここの範囲には重力波がない」と明らかにすることによって、観測のターゲットを絞り込むことができるからです。それと同時に、インフレーション理論のバリエーションも絞り込まれるでしょう。

「原始重力波」の検出に特化した望遠鏡もある

いずれにしろ、インフレーション由来の重力波をより確実かつ精密に検出するためには、よりスケールの大きな重力波望遠鏡が必要です。すでに日本でも欧米でもその計画が進んでいますが、それについては次章でお話ししましょう。ここでは、レーザー干渉計とは別の方法でその重力波を検出する実験のことを紹介しておきます。

インフレーション由来の重力波は、ふつうの天体現象による重力波と区別するために、「背景重力波」もしくは「原始重力波」などと呼ばれます。メディアで使われるのは、後者のほうが多いでしょうか。二〇一四年三月には、この「原始重力波」という言葉が大々的に報道されました。南極で実験を行っている米国の研究グループが「BICEP2」という装置で原始重力波を検出したと発表したのです。

これが本当ならインフレーション理論の正しさが証明されたことになるのですから、マスメディアが大きく取り上げたのも当然でした。ところが後日、これは間違いである可能性が否定できないとされ、発表は取り下げられました。

この「BICEP2」という観測装置は、LIGOやKAGRAのようなレーザー干渉計ではなく、インフレーション由来の重力波検出に特化した望遠鏡です。重力波による空間の歪みを検出するものではありません。それが見ているのは、宇宙マイクロ波背景放射です。

宇宙マイクロ波背景放射はビッグバンの残光ですから、それより前に起きたインフレーションとは無関係だと思う人もいるかもしれません。しかし、そうではありません。一九九〇年代の中盤に、原始重力波と宇宙マイクロ波背景放射を結びつける理論が提案されました。インフレーション由来の原始重力波が存在するならば、宇宙マイクロ波背景放射にその「証拠」が現れるはずだというのです。

この理論が発表されてから、その「証拠」を見つけるための実験があちこちで計画されるようになりました。ＢＩＣＥＰグループだけではありません。この実験は大型レーザー干渉計よりもはるかに規模が小さく、低予算で実施できることもあって、現在では三〇前後の研究グループがその検出に挑んでいます。それ以前はレーザー干渉計以外に原始重力波の観測方法がなかったので、これによってこの分野の間口は大きく広がりました。

宇宙マイクロ波背景放射にあるとされる原始重力波の証拠は、「Ｂモード偏光」と呼ばれています。重力波による空間の歪みの影響で特別な偏光が生じ、それが渦巻きのような独特の形で観測されるのです。レーザー干渉計が検出器に生じる干渉縞を見るのに対して、こちらは宇宙マイクロ波背景放射という「天然のスクリーン」に映し出される偏光を探すようなものだと思えばいいでしょう。

ただしBモード偏光は原始重力波の影響だけで生じるとはかぎりません。一三八億光年向こうの宇宙マイクロ波背景放射よりずっと手前の宇宙空間でも、塵《ちり》などの影響で同じ偏光が生じることがあります。BICEP2はたしかにBモード偏光を観測したのですが、それが塵によるものである可能性が否定できませんでした。

LIGOやKAGRAのようなレーザー干渉計による原始重力波の検出と、宇宙マイクロ波背景放射のBモード偏光の検出のどちらが先になるかは、わかりません（もちろんインフレーションがなかった可能性もあるので、どちらも検出されない可能性もあります）。しかしいずれにしろ、どちらか一方だけでは、原始重力波の研究は不十分なものになるでしょう。

というのも、それぞれの実験で検出できる原始重力波はまったく同じものではありません。宇宙マイクロ波背景放射で観測される重力波は、インフレーションの初期に発生したものです。一方、レーザー干渉計で観測されるのは、インフレーションの終盤に生じたもの。時間的にはほんの一瞬の出来事ですが、初期と終盤では宇宙のサイズがまったく違うので、そこから出る重力波にも大きな違いがあります。ですから、インフレーションという現象の全体像を知るには、両方のデータが必要になるのです。

重力波で「余剰次元」の存在も明らかになる？

この章を終える前に、もうひとつ、重力波天文学の可能性について面白い話をしておきましょう。ここまでは天体現象やインフレーションなど具体的な「宇宙」を対象にした話でしたが、こちらは重力や空間の本質をめぐるかなり抽象的な問題です。

物理学の世界では、これまで、重力の性質を説明するために「余剰次元」の存在がさまざまな形で考えられてきました。私たちは縦・横・高さの三次元空間で暮らしていると思っていますが（時間と空間を区別しない相対性理論では三次元空間に時間の次元を加えて「四次元時空」と考えます）、実はそれ以外にも別の次元があり、そう考えるといろいろな理論の辻褄《つじつま》が合うのです。

詳しい話をすると別の本が何冊も書けるような内容なので、ごく簡単に説明しましょう。たとえば一九二〇年代には、時空が五次元以上あれば重力と電磁気力が統一できるとする理論が登場しました。提唱した二人の名前をとって「カルツァ＝クライン理論」と呼ばれています。

物理学はできるだけシンプルに自然界の法則を記述したいと考える学問なので、さまざまな理論の「統一」が常に大きなテーマとして存在しています。たとえばニュートンの万有引力の法則は、それまで別々の法則に支配されていると思われていた「天上」と「地上」の世界をひとつの理論で統一しました。アインシュタインの特殊相対性理論は、ニュートン力学とマクスウェルの電磁気理論の矛盾を解消して統一したといえます。

そのアインシュタインが、相対性理論を確立した後に取り組んだのが、重力と電磁気力の統一理論です。その夢は最後まで実現できなかったわけですが、余剰次元の理論を最初に提唱したテオドール・カルツァはそのアイデアをアインシュタインに手紙で伝え、アインシュタインもその論文の発表に力を貸しました。

また、重力がほかの力とくらべて極端に弱いことを余剰次元で説明する試みもあります。第一章でも述べたとおり、電磁気力の強さを一とすると、重力の強さは一〇のマイナス三六乗しかありません。自然界には重力と電磁気力のほかに、原子核の世界で働く「強い力」と「弱い力」という力が存在しますが、強い力は電磁気力の一〇の六乗倍あります。弱い力はその名のとおり弱いものの、電磁気力の一〇〇〇分の一。「四つの力」の中で重力だけが圧倒的に弱いことは、物理学における大きな謎のひとつです。

そこで出てきたのが、「四つの力」のうち重力だけは余剰次元の空間に逃げていける——という考え方でした。

余剰次元といわれても、私たちには見ることができませんし、その「方向」がどちらなのか想像もつかないので、SFの世界の話のように感じる人もいるでしょう。しかしこれらの理論では、余剰次元はきわめて小さく丸まっているので、私たちには見ることも入ることもできないと考えます。ところが重力だけはそこにしみ出すように逃げていけるのだとしたら、私たちのいる三次元空間では極端に小さい値でしか観測されないことも説明がつきます。

もちろん、これはまだまったく検証されていない仮説にすぎません。しかし重力波検出の精度が高まれば、余剰次元の存在を裏付けられる可能性があります。

たとえばブラックホール連星の合体からの重力波を検出した場合、重力波源の質量や地球からの距離などがわかっていれば、その強さを一般相対性理論によって計算することができるでしょう。その理論値と観測値を比較し、後者のほうが明らかに小さければ、本来あるべき重力波がどこかに消えてしまったことになります。ほかに何か原因がなければ、その「行き先」は余剰次元しかありません。

そのような観測を可能にするためには、まだまだ検出器の性能を向上させる必要があります。しかしいまのところ、余剰次元の存在を検証する方法は重力波の検出しかありません。もし余剰次元の存在を証明できたとしたら、ノーベル物理学賞がいくつあっても足りないくらいの大発見です。

LIGOの重力波検出は、いずれノーベル物理学賞の対象になることが確実視されています。しかしここまでの話で、その先にある重力波研究がいかに大きな広がりを持っているかがわかってもらえたのではないでしょうか。ひとつのノーベル賞級の発見が、次のノーベル賞級の発見を生む。物理学は、そうやって常に先へ先へと進みながら、この宇宙の真の姿を少しずつ解き明かしていくのです。

第五章

人類が宇宙誕生の瞬間を目撃する日

宇宙空間にケタ違いに巨大な重力波望遠鏡をつくる

米国のＬＩＧＯ、欧州のＶＩＲＧＯに続き、日本のＫＡＧＲＡが始動することで、いよいよ本格的な重力波天文学の準備が整いました。重力波がたしかに存在し、それを人類が検出できることはＬＩＧＯが実証してくれたので、今後はその重力波を使った宇宙観測がどんどん進歩していくことでしょう。

レーザー干渉計自体の進歩も、ここで終わりではありません。前述したとおり、すでに欧州では一〇キロメートルもの長い「腕」を持つ「アインシュタイン・テレスコープ」という巨大干渉計の計画が進められています。レーザー干渉計は大型化するほど感度が上がるので、単純な話、予算と土地さえ十分にあれば性能を向上させることができるのです。

しかし地上の実験施設では、それにも限界があります。レーザーの通る「腕」は端から端までパイプでつないで真空状態にしなければいけません。大型化するほど、そのための土地を確保するのが困難になります。

また、干渉計の「腕」は当然のことながら、直線でなければいけません。そのため、極端に大きな干渉計をつくるとなると、「地球は丸い」ことが問題になります。端と端を直線で結ぶには、地下に長大なトンネルを掘らなければならないのです。欧州のアインシュタイン・テレスコープは地下に建設される予定ですが、それも一〇キロメートルぐらいが限界でしょう。これでは地上のＬＩＧＯ（四キロメートル）の二・五倍にすぎず、飛躍的な感度アップは望めません。

そこで考えられたのが、地上でも地下でもなく、「地球外」に建設するレーザー干渉計です。宇宙空間なら「土地」取得のための制約がありませんし、もともと真空なので、パイプも必要ありません。剝《む》き出しのレーザーをそのまま鏡に反射させることができます。したがって、地上や地下とは桁違いに大きな実験装置をつくれるのです。

そのアイデアは、地上のレーザー干渉計がまだプロトタイプの段階だった一九八〇年代から、米国や欧州で検討されていました。日本でも一九九〇年代から検討が始まっていましたが、具体的な計画にはいたっていませんでした。

私が「日本でもそれをやろう」と考え、研究仲間と相談を始めたのは、カリフォルニア工科大学でＬＩＧＯの仕事を手がけて一九九七年に帰国し、国立天文台の助教授に就任した後のことでした。ちょうど四〇歳という節目の年齢を迎えており、そろそろ自分の研究者人生で何を大きな目標にするかを決めなければいけない時期でした。

もちろん、カリフォルニア工科大学で積んだ経験を生かして、TAMA300を建設する仕事はありましたし、それも十分にやりがいのあるものでした。しかし将来に向けて重力波研究を本格的なものにするには、より感度の高い実験を考えなければいけません。

「残り物」の魅力的な重力波源を狙う

当時、米国と欧州は、NASA（米国航空宇宙局）とESA（欧州宇宙機関）の共同プロジェクトとして、すでに宇宙重力波望遠鏡の計画を始めていました。「Laser Interferometer Space Antenna（レーザー干渉計宇宙アンテナ）」の頭文字をとって「LISA」と呼ばれています（二〇一一年にNASAが撤退した後に「eLISA〈発展型LISA〉」と改名されました）。

現在は研究計画が若干変わっていますが、当時のLISAはミリヘルツ（一〇〇〇分の一ヘルツ）ぐらいの周波数帯の重力波検出を狙っていました。その周波数帯だと、巨大ブラックホール連星の合体などがおもなターゲットになります。一方、LIGOのような地上の干渉計が検出しようとする周波数帯は、一〇〇ヘルツぐらい。その両者の「隙間」に何か面白い可能性があれば、後発の私たちにもチャンスがあります。

調べてみると、ミリヘルツの周波数帯を狙うＬＩＳＡは、二桁上の〇・一ヘルツ程度までしか重力波信号を検出できません。〇・一ヘルツより上は、重力波信号がキャンセルするため感度が悪くなってしまうのです。

ならば私たちにとっては、その周波数帯に大きな「窓」が開いているようなもの。計画が先行している地上の干渉計にもＬＩＳＡにも見ることができないのですから、後発組には「狙い目」です。

私は、二〇〇〇年に開催された宇宙線研究所のシンポジウムで、当時、京都大学教授だった中村卓史さんにこのアイデアを持ちかけました。中村さんの専門は宇宙物理学で、一般相対性理論分野の権威として知られる理論家です。「中村さん、日本もスペース重力波アンテナをやるのはどうでしょうか。地上の検出器とＬＩＳＡの間を狙うんですよ。そこに何か面白いサイエンスはないですかね。残り物には福があるっていうじゃないですか」

実際、誰も見ようとしていない周波数帯があっても、そこに有望な重力波源がないのでは、話になりません。その場はそんな提案だけして終わりましたが、数カ月後、中村さんから連絡がありました。当時、大阪大学のポスドクだった瀬戸直樹さんが、良いアイデアを思いついたというのです。

この「良いアイデア」についてはあとで説明しますが、結果的に「残り物」には、きわめて魅力的な重力波源がありました。前章で説明した、インフレーション由来の重力波です。

前述したとおり、KAGRAのような地上のレーザー干渉計では、狙える周波数が高すぎるため、スタンダードなインフレーション理論から期待できる重力波は小さすぎて検出できません。

また、LISAは周波数が低いため期待できる重力波は大きいのですが、この帯域には白色矮星連星からの重力波が多数存在して、それらが一個一個に分離できず、信号でありながら雑音となってしまうので、十分に感度を上げることができません。

私たちが狙う〇・一ヘルツ程度の周波数帯は、インフレーションからの重力波を狙うのにはうってつけだったのです。

そもそも、当時はまだインフレーション由来の重力波を検出しようと考える研究者がほとんどいませんでした。インフレーション理論自体が「検証不可能な理論」と見られており、それを観測によって検証する方法が考えられてさえいなかったのです。

「DECIGO」の腕の長さは一〇〇〇キロ！

いまは宇宙マイクロ波背景放射のBモード偏光を観測するBICEPのような実験もありますから、当時の私たちの興奮はなかなかわかってもらえないかもしれません。しかしこれは、四〇代を迎えて将来のテーマを模索していた研究者にとって、思わず飛びつきたくなるようなチャンスです。

その時点で、中村さんはすでに新しいスペース重力波アンテナの名称も決めていました。「DECIGO」です。これは、「DECi-hertz Interferometer Gravitational wave Observatory（〇・一ヘルツ帯干渉計型重力波天文台）」の頭文字。「ミリヘルツ」を狙うLISAに対して、こちらは「デシヘルツ（〇・一ヘルツ）」の重力波を狙うということを前面に打ち出したネーミングです。

翌二〇〇一年にはスペース重力波アンテナのワーキンググループが発足し、中村さん、瀬戸さん、私の共著による論文も発表しました。そこから準備作業が始まりました。途中、重力波検出の若きエースであった安東正樹君（現、東京大学准教授）も参加し、彼の貢献によりDECIGOの概念設計ができあがりました。そして、現在も実現へ向けた努力が続いています。

DECIGOの打ち上げがいつになるかは、まだ決まっていません。しかし計画の第一段階として、「SWIMμ《ミュー》ν《ニュー》」という超小型重力波検出器がJAXA（宇宙航空研究開発機構）が開発した小型実証衛星1型（SDS-1）に搭載され、二〇〇九年に打ち上げられました（すでに運用は終了）。

そして、次の段階としては、DECIGOの一歩手前の性能を持つプリDECIGO（名称の変更を検討中）が検討されています。プリDECIGOはDECIGOの一〇分の一のアーム長を持ち、目標感度もほぼ一〇分の一程度です。プリDECIGOでは残念ながらインフレーションからやってくる重力波をとらえることはできないと考えられていますが、その性能は、もちろん地上の重力波検出器をはるかに上回るものです。したがって、プリDECIGOによって重力波天文学がさらに発展することも期待できます。ちなみにプリDECIGOはDECIGOに必要な技術を実証するためにも必要なものです。

プリDECIGOを経て、最後に打ち上げるDECIGOは、いまのところ、図34のような構成になる予定です。衛星を三基打ち上げ、重力波によって引き起こされる衛星間の距離の変化をレーザー干渉計で測ります。KAGRAのような地上の干渉計ではレーザーの光源と検出器が分かれているので上から見ると装置がL字形に並びますが、こちらは正

［図34］

スペース重力波アンテナDECIGO

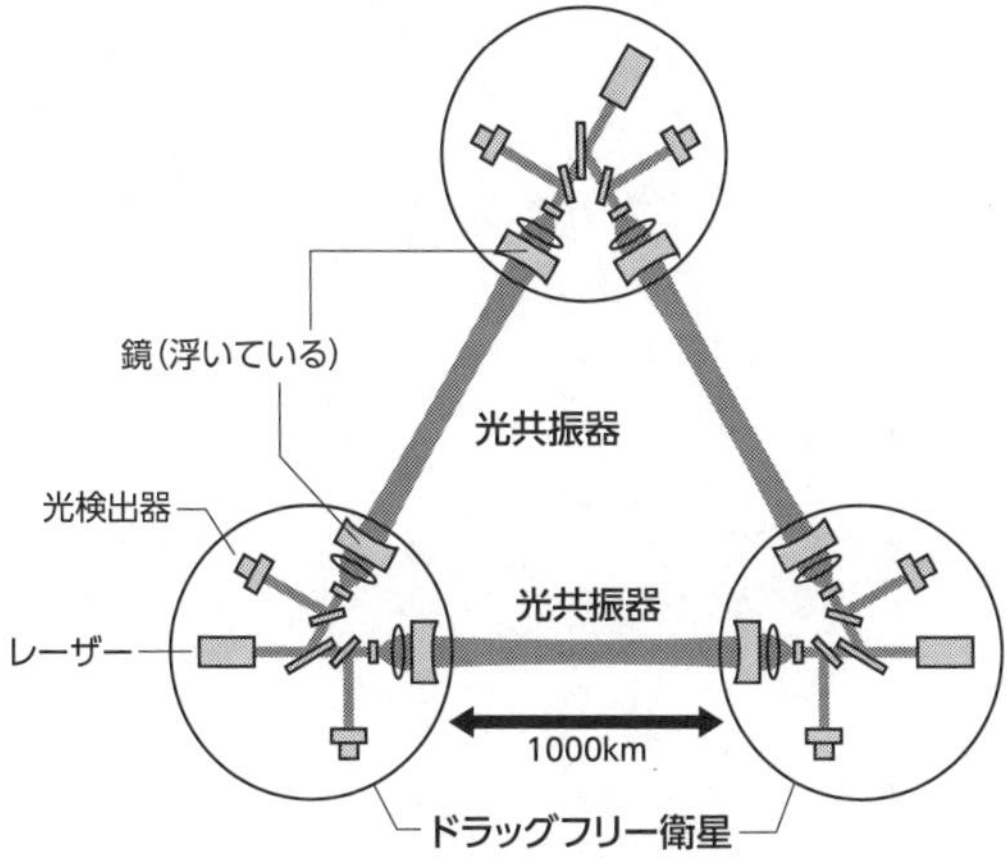

三角形の二辺を使うレーザー干渉計を三組搭載します。

衛星はドラッグフリー衛星を使います。これは、太陽輻射圧やダストなどの影響を受けずに重力のみで運動する人工衛星のことです。

ドラッグフリー衛星同士の距離は、一〇〇〇キロメートル。ＬＩＧＯやＫＡＧＲＡとは二桁半も違います。しかも宇宙空間では地面振動がなく、地上よりもノイズが低減されるので、きわめて高い感度でさまざまな重力波をとらえることができるはずです。

「宇宙が加速膨張している」という驚きの発見

ＤＥＣＩＧＯが検出を目指すのは、インフレーション由来の重力波だけではありません。それが最大のテーマではありますが、ほかにも期待される成果があります。

実は、先ほど述べた「良いアイデア」というのは、二〇〇一年に中村・瀬戸・川村が共同で発表したＤＥＣＩＧＯ計画の最初の論文になったものですが、テーマはインフレーションではありませんでした。そのとき発表したのは、「宇宙膨張加速度の計測」に関する論文でした。

二〇一一年に、それを発見した研究者たち（ソール・パールマター、ブライアン・シュミット、アダム・リース）がノーベル物理学賞を受賞したので、宇宙が「加速膨張」をしているのをご存じの方は多いと思います。観測によってそれが判明し、彼らの論文が発表されたのは、一九九八年のことでした。

この事実は、重力波研究にも新たな課題を与えてくれました。そのため私たちも、加速膨張をテーマにした論文を書くことができたのです。

宇宙の加速膨張は、それまでの常識を覆す大発見でした。宇宙の膨張速度は、減速することはあっても加速することなどあり得ないと考えられていたからです。

ただし、宇宙がこれからどのように膨張するかが明確に予測できていたわけではありません。宇宙の膨張速度は、そこに存在する物質の質量密度および圧力との関係で決まります。物質だけが宇宙に存在する場合、アインシュタインの重力方程式に基づいて考えると、そのシナリオにはおおむね三つのパターンがあり得ました。

ひとつは、あるところで膨張が止まり、物質の重力に引っ張られて宇宙が収縮を始めるパターンです。宇宙の膨張はボールを高く投げ上げるようなものですから、これはイメージしやすいでしょう。投げたボールの勢いがなくなれば、地球の引力でボールは落ちてくる。この場合、宇宙には「終わり」があることになります。収縮に転じた宇宙は、やがて潰《つぶ》れてしまうのです。

しかし、ほかの二つのシナリオでは、宇宙に終わりはありません。ひとつは、膨張速度を徐々に下げながらも、止まらずに膨張し続けるパターン。もうひとつは、しばらくのあいだは減速した後、最終的にはほぼ一定の速度で膨張を続けるパターンです。永遠に減速を続けるほうが可能性は高いと考えられていましたが、それよりも物質の重力が弱ければ、途中からほぼ一定の速度になることもあり得るのです。

アインシュタインの理論からは以上の三つが想定されていたので、加速膨張の発見は本当に驚きでした。その発見によれば、宇宙は最初から加速膨張していたわけではありません。七〇億年ほど前から、なぜか加速に転じています。これは、投げ上げたボールが途中から急にスピードを上げるようなもの。あまりにも奇妙な現象です。

宇宙膨張の加速度計測からダークエネルギーの正体に迫る

その加速膨張は、「Ｉａ型」と呼ばれる特別な超新星をたくさん観測することでわかりました。Ｉａ型の超新星はどれも明るさが同じなので、見かけの明るさが暗ければ遠く、明るければ近くにあるという具合に距離を比較することができます。

研究チームは、数十億光年先にあるＩａ型超新星を五〇個ほど観測し、それが遠ざかる速度と距離の関係を計測しました。つまり「時間に換算して数十億年前の遠方宇宙の膨張速度」を観測したのです。その速度は、予想をはるかに下回っていました。その「予想」は、現在の宇宙の膨張速度に基づくものです。宇宙が徐々に減速膨張しているなら、「昔の宇宙」は現在よりも速く膨張していたはずです。ところが逆に、昔の宇宙はいまよりも膨張速度が遅かった。その後、どこかで加速に転じたから、現在の膨張速度になっているのです。

これは、現在の科学的知見からはまったく理解できません。私たちの知らない謎のエネルギーが存在して、宇宙の膨張を後押ししているとしか考えられないのです。

正体不明のエネルギーは、とりあえず「ダークエネルギー（暗黒エネルギー）」と名付けられました。その正体の解明は現代物理学における最大のテーマのひとつとなっているわけですが、これは、かつてアインシュタインが自分の方程式に書き加えた「宇宙項」のようなものだといえます。

宇宙が「永遠不変」だと信じていたアインシュタインは、宇宙が収縮して潰れてしまうのを防ぐために、重力を押し返す力として宇宙項を加えました。それをハッブルの発見後に取り下げたのですが、ダークエネルギーはまさに「重力を押し返す力」です。私たちは再び、アインシュタイン方程式に宇宙項を入れなければいけないのかもしれません。まさに、皮肉なもので、アインシュタインがみずから宇宙項は「人生最大の失敗」だと言ったことが、実は「人生最大の失敗」だったのかもしれません。

さて、宇宙が加速膨張していることは超新星の観測によってわかりましたが、ダークエネルギーの性質を明らかにするには、その加速度をできるだけ精密に計測する必要があります。超新星の観測でもそれは計測されたわけですが、あの実験では超新星までの距離を厳密に測ることができません。距離を推定する際に、天文学的な経験則を用いた明るさの補正をしており、誤差が生じる可能性があるのです。さらに、実は加速膨張そのものではなく、それが距離に与える影響を利用しています。いわば、膨張速度を「間接的」に測っているのだと思えばいいでしょう。

それに対して、DECIGOは宇宙膨張の加速度を直接的に計測することができます。たとえば、数十億光年先の遠方で中性子星連星の合体が起き、そこからの重力波を検出したとしましょう。

宇宙膨張によってその中性子星連星が地球から遠ざかると、重力波には「ドップラー効果」が生じます。遠ざかっていく救急車のサイレンは音の波長が引き伸ばされるために低く聞こえますが、それと同じことが重力波にも起こる。波長が引き伸ばされて、位相がわずかにズレるのです。

その遠ざかるスピードが加速していれば、位相のズレは大きくなります。それを精密に測ることができるので、膨張の加速度をきわめて高い精度で計測できるのです。

もちろん、それによってただちにダークエネルギーの正体がわかるわけではありません。しかし、何かの正体を突き止めるには、相手の性質をより詳しく調べることが必要です。

[図35]

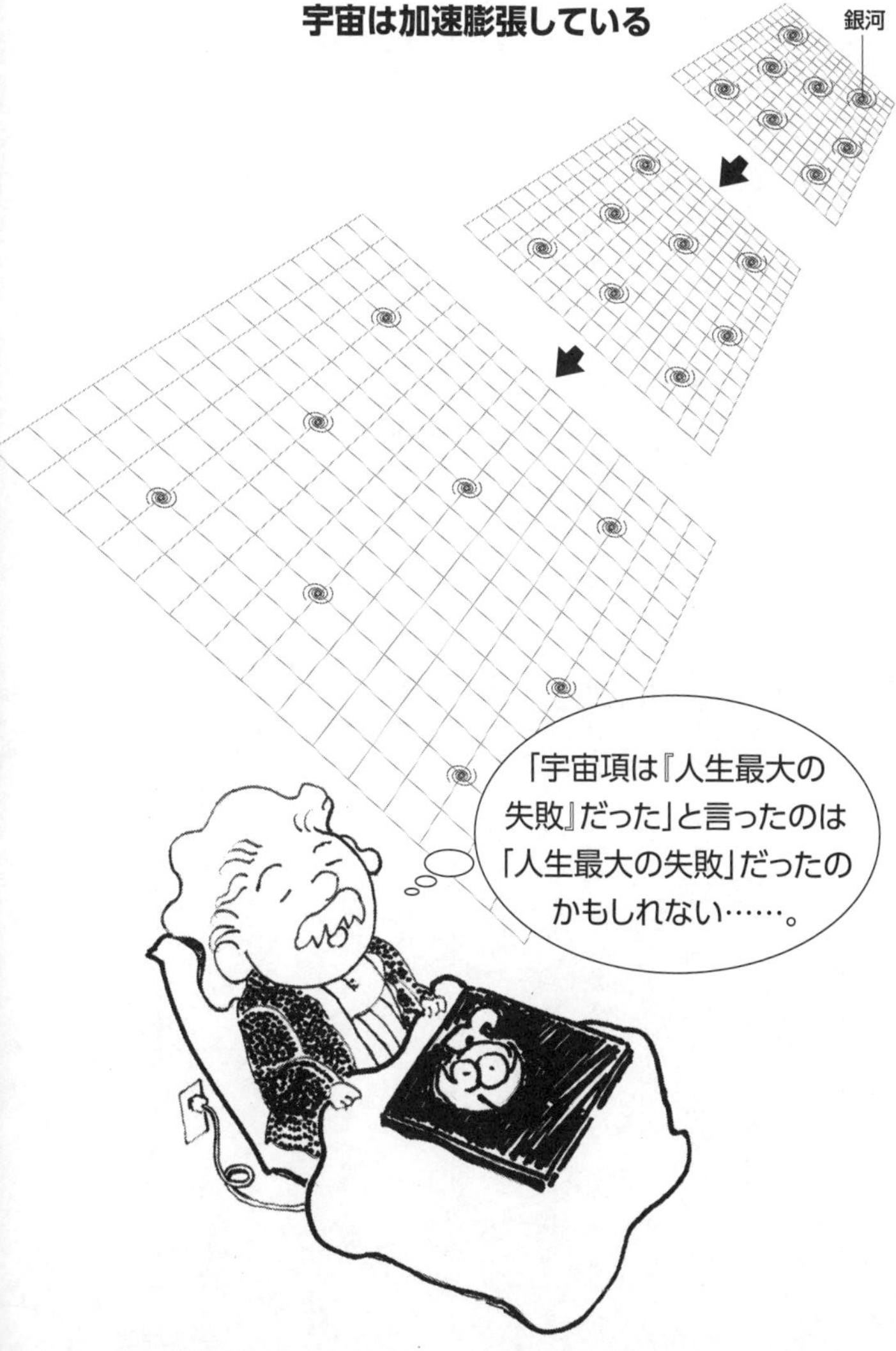
宇宙は加速膨張している
銀河
「宇宙項は『人生最大の失敗』だった」と言ったのは「人生最大の失敗」だったのかもしれない……。

どれぐらいの加速度で宇宙が膨張しているのかを正確に見極めなければ、ダークエネルギーの大きさも正確にはわかりません。その正体はいまのところまったくの謎に包まれていますが、ダークエネルギーの研究を先に進めるためには、まず宇宙膨張の実態をよく知る必要があるのです。

目に見えない、謎の大量の重力源・ダークマター

ところで、宇宙マイクロ波背景放射を観測したWMAPやプランク衛星も、このダークエネルギーについて驚くべき調査結果を出しました。この宇宙の全エネルギーのうち、なんと約六八％を正体不明のダークエネルギーが占めているというのです。

アインシュタインの「$E=mc^2$」によって、物質もエネルギーに換算できますから、この「宇宙の全エネルギー」には星や銀河や私たちの体といった物質も含まれています。これはすべて原子からできており、人類の科学はその構造や性質についてほぼ解明してきました。少し前まではそれが「宇宙のすべて」だと思っていたわけですが、エネルギー換算すると、その割合は約五％にすぎません。

つまり、ガリレオやニュートンの時代から四〇〇年かけて近代物理学が解き明かしたの

は、宇宙のたった五%にすぎなかったのです。

しかし、これではまだ一〇〇%になりません。ダークエネルギーが六八%、原子からできる物質が五%だとすると、ほかにも二七%ほど何かがあることになります。

こちらも「物質」ではあるのですが、私たちの知っている物質とは性質が違っており、ダークエネルギーと同様、その正体はまったくわかっていません。そのため、とりあえず「ダークマター(暗黒物質)」と呼ばれています。

その存在は、銀河や銀河団(銀河の集団)の観測によって浮上しました。銀河や銀河団の動きを説明するには、そこにある重力(つまり物質の質量)が足りないのです。

最初にスイスの天文学者フリッツ・ツビッキーによってそれが指摘されたのは、一九三〇年代でした。かみのけ座にある銀河団を観測したツビッキーは、まず、その全質量を光の量から計算します。

次に彼は、その銀河団に属するたくさんの銀河の運動を調べ、その運動を起こすために必要な総質量を割り出しました。銀河の動きは銀河団内の重力によって決まるので、その速度を調べると必要な重力(総質量)がわかるのです。

その結果、運動速度から算出した銀河団の総質量は、光の量から算出した総質量の四〇

○倍にもなってしまいました。測定誤差で片づけられる差ではありません。そこに何か見えない（電磁波を出さない）物質が大量にあり、その重力が働いていると考えなければ、銀河団の運動を説明できないのです。

それからおよそ四〇年後、米国の天文学者ヴェラ・ルービンが、数多くの銀河の回転速度を観測しました。彼女が調べたのは、銀河の中心に近い部分と周縁部の回転速度の差です。銀河の中心部には重い天体が集中しており、重力の影響は距離が遠いほど弱くなりますから、回転速度は周縁部のほうが遅くなるはずです。

ところが詳しく調べてみると、両者の回転速度にはほとんど差がありませんでした。中心部も周縁部も、ほぼ同じ速度で回転しているのです。これもやはり、目に見える物質以外の重力源が大量に存在すると考えなければ説明がつきません。

DECIGOはダークマターの正体解明にも役立つ

ツビッキーの指摘は検証が困難なため長く放置されていましたが、その後の四〇年間で天体観測の技術が向上したこともあり、ルービンの発見以降、この「謎の重力源」の研究が進みました。

現在では、ダークマターの存在を裏付ける証拠がたくさん見つかっています。たとえば、「重力レンズ」もそのひとつです。

重力によって空間が歪むというアインシュタインの一般相対性理論は、それによって「光が曲がる」ことを予言していました。その予言の正しさは、一九一九年に起きた皆既日食の際に証明されています。

通常、太陽の近くにある星は、昼間は見ることができません。しかし皆既日食で暗くなると、それを観測することができます。

英国の天文学者アーサー・エディントンは、その位置が夜（つまり近くに太陽がないとき）とは少しズレて見えることを発見しました。太陽の重力によって光の進むコースが曲がるために、地球からの見かけの位置が変わってしまうのです。

この発見によって一般相対性理論の正しさが初めて裏付けられ、アインシュタインは一気に世界的な有名人になりました。

現在は、これと同じような現象が、太陽のような天体が存在しないところでたくさん見つかっています。目に見えない重力源があるせいで、その向こう側にある銀河や銀河団の光が歪んで見えるのです。まるでそこにレンズがあるかのような見え方をするので、これを「重力レンズ」といいます。

こうした観測によって、ダークマターが大量に存在することは間違いないと考えられるようになりました。今後の研究の焦点は、その有無ではなく「正体」です。

そしてDECIGOによる重力波検出は、ダークマターの正体解明にも役立つ可能性があります。その正体に関するひとつの仮説を検証する能力を持っているからです。

これまでダークマターの正体に関しては、さまざまな仮説が唱えられてきました。その中で現在もっとも有力視されているのは、通常の物質を構成するのとは異なる性質を持つ未知の素粒子が大量に存在するという考え方です。

それを検出するための実験も世界各国で行われるようになりました。KAGRAやスーパーカミオカンデと同じ神岡鉱山の地下にも、宇宙から来るダークマターを検出する「XMASS」という実験装置があります。

また、宇宙のダークマターをつかまえるのではなく、素粒子の加速器実験でそれが生成される可能性もあります。二〇一二年にヒッグス粒子を検出したCERN（欧州原子核研究機構）のLHCという大型加速器はその後パワーアップを果たし、ダークマターを含めた新粒子の発見を目指しています。

ダークマター候補のひとつ「原始ブラックホール」

しかし、ダークマターの正体が未知の素粒子だと決まったわけではありません。ダークマターとして振る舞う重力源が一種類ではない可能性もあります。いずれにしろ、ほかにもまだ否定されていない候補がいくつかありますから、そちらも探す努力をする必要があります。その中には、そこから出ているはずの重力波でしか存在を確認できないものがあるのです。

そのダークマター候補は、ブラックホールの一種です。

しかしそれは、天体が超新星爆発を起こした後にできるものではありません。天体起源のブラックホールは太陽質量（約二×一〇の三三乗グラム）より大きくなりますが、原始ブラックホールは、最小なら一〇のマイナス五乗グラム（〇・〇〇〇〇一グラム）程度。ただしその質量にはかなりの幅があり、最大では一〇の五〇乗グラムにもなると考えられています。

では、なぜそのようなブラックホールが存在すると考えられるのか。これは、前にお話しした初期宇宙の密度のムラ（濃淡）と関係があります。

ビッグバン直後の熱い宇宙に密度のムラがあると、その中でもとくに超高密度な領域には、強い重力によって物質が凝集したでしょう。その密度が高ければ、ブラックホールになることができるのです。

もしそれが存在するとすれば、できたのはビッグバンから一〇〇兆分の一秒後までのあいだです。そのためこれを、天体起源のふつうのブラックホールと区別するため、「原始ブラックホール」と呼びます。

この原始ブラックホールがダークマターかどうかをDECIGOで検証できることを示したのは、東京大学ビッグバン宇宙国際研究センター教授の横山順一さんと齊藤遼さんでした。

彼らの論文によれば、月（七×一〇の二五乗グラム）より重い原始ブラックホールは、重力レンズ効果などによって存在をとらえることができます。これは、ダークマターほど大量には存在しません。ダークマター候補になり得るのは、質量が月の一〇万分の一程度までの原始ブラックホールです。

そして、横山さんらの計算の結果、そのような軽い原始ブラックホールをつくれるような密度のムラが初期宇宙にあった場合、現在の宇宙では一〇〇〇分の一ヘルツから数ヘルツまでの周波数で観測される重力波が放出されていることがわかりました。これは、計画中のDECIGOで完全にカバーできる周波数帯です（欧州のLISAも低い周波数なら観測可能です）。

原始ブラックホールが本当に存在するのかどうかは、まだわかりません。仮に存在したとしても、ダークマターほど大量にあるとはかぎらないでしょう。しかしいずれにしろ、それを確認する術《すべ》は重力波検出しかありません。

もし原始ブラックホールからの重力波が検出されなければ、ダークマター候補をそれ以外のものに絞り込むことができます。また、ダークマターほど大量になかったとしても、原始ブラックホールの存在が明らかになれば、初期宇宙の研究は前進するでしょう。宇宙マイクロ波背景放射と同様、ビッグバン直後に生まれた原始ブラックホールには、初期宇宙の情報がたくさん書き込まれているはずだからです。

「宇宙さえあれば何も怖くない」と思った夜

インフレーション、ダークエネルギー、そしてダークマター。ここまで挙げてきたのは、どれも宇宙の起源や成り立ちと深く関わる問題です。この三つが、現代宇宙論における最大の関心事といっても過言ではありません。

宇宙はどのように始まり、これからどうなっていくのか。星や銀河は、どのように生まれたのか。——そういった根源的な疑問が、これらの問題を追究することによって、解明に向かうのです。

こうした宇宙に対する疑問は、私たち科学者だけが抱くものではありません。とくに子どもの頃には、誰でも一度や二度は考えたことがあると思います。

私もそうでした。個人的な昔話になりますが、小学生時代に、いまでもなぜか忘れられない経験があります。

その日、家には大勢のお客さんが来ていました。たぶん、家の前の公園で小さなお祭りがあったからでしょう。

私はその横で、トンボ返りの練習をしていました。当時それが学校の男子のあいだで流《は》行《や》っていて、誰が早くできるようになるか競争していたのです。たしか、私は学年で三番目にできるようになったと思います。

お客さんが来ていたので興奮していたせいもあるのか、私は何度も何度もトンボ返りを練習しました。やりすぎてしまったのか、夜になると頭がクラクラします。体も何となくフワフワした感じで、落ち着きません。

拠《よ》り所を失ったような感覚になった私は、そのとき初めて「死んだらどうなるんだろう」と考えたのだと思います。

いや、それまでにも死について考えたことはありました。死んだら、自分はこの世からいなくなる。でもそれは舞台から役者が消えるようなもので、自分が死んでも舞台は残ると思っていました。ごく常識的な感覚でしょう。

でもその夜は目が回って感覚がおかしくなっていたのか、自分が死んだら舞台もいっしょになくなることにはじめて気づきました。小学生が感じたことですから、言葉ではうまく説明できません。自分と舞台は別々のものではなく、そもそも自分が存在するからこの舞台も存在する——といったことを考えたのでしょうか。

ともかく、体調の悪さも手伝って、私はひどく不安な気持ちになりました。この世のすべてが頼りない存在で、拠り所がない。でも、何か後ろ盾になってくれる「最強のもの」はないだろうか——クラクラする頭でそんなことを考えました。

そこで子どもの私がたどりついたのが、「宇宙」です。

どういう脈絡なのか、いまとなってはよくわかりませんが、何が消え去っても宇宙はなくならないと思ったのでしょうか。それが「最強」の存在だと思った小学生は、「宇宙さえあれば何も怖くない」と自分にいい聞かせて、安心して眠ることができたのです。私が宇宙について考えるようになったのは、それがきっかけでした。

遠回りして足を踏み入れた天体物理学の世界

子どもが宇宙に興味を持つのは、ふつうは夜空に浮かぶ月や星などを眺めたときでしょう。そこから始まって、天体望遠鏡を親にねだったり、宇宙飛行士を夢見たりする人は多いだろうと思います。

でも私は、いわば抽象的な存在としての宇宙に魅了されたので、天文学的な世界や宇宙ロケットには興味を持ちませんでした。天体望遠鏡を覗《のぞ》いたのは、カリフォルニア工科大学から日本に戻って、国立天文台に勤めてからです。それも仕事上の観測ではなく、天文台の一般公開のときでした。

そんな私が中学、高校時代に興味を持ったのは、本書にも何度も登場したアインシュタインの相対性理論です。

とはいえ、当時の私がそれと宇宙にどういう関係があるのかきちんと理解していたわけでもありません。私が子どもの頃は、よく「相対性理論を本当に理解している人間は世界に数人しかいない」などといわれていたので、よくわからないけど何か深遠な真理がそこにはあるのだろうと思っていました。アインシュタインの著書の翻訳を見つけて買ったりもしましたが、開いて中身を読んでも、何のことだかさっぱりわからない。そのまま本棚に差しっぱなしになりました。

大学では物理学科に進みましたが、その時点で宇宙の研究をしようと思っていたわけではありません。当時の早稲田大学には、宇宙関係の研究室もあまりありませんでした。そのため四年生で進路を選ぶときには、そこの先生が好きだったこともあって、磁性の研究室に入ったのです。「何か違うな」と思ったのは、修士二年のときでした。たしか自分は宇宙のことを研究したかったはずなのに――となぜか急に思い直したのです。

どうしても宇宙研究の道に進みたくなった私は、あらためて東京大学の大学院を受験しました。当時は博士課程から編入することはできなかったので、私は修士課程を二度やるという遠回りをしたのです。

とはいえ、そこで始めたのは「宇宙論」ではなく「天体物理学」でした。一般的には同じようなものだと思われているかもしれませんが、これは（もちろん重なる部分はあるも

の の）基本的には別ジャンルです。英語では前者が「コスモロジー」、後者が「アストロフィジックス」。同じ「宇宙」でも言葉が違います。宇宙そのものの成り立ちや起源を追究するのは宇宙論のほうで、超新星爆発、中性子星連星、ブラックホール、太陽フレアといった個々の天体現象を研究するのが天体物理学です。

宇宙科学研究所で師事した河島信樹先生は、その天体物理学の中でも「プラズマ」を専門にしていました。当時やっていたのは、たとえばスペースシャトルを使った人工オーロラの実験などです。

しかし、これは前にもお話ししましたが、その頃はプラズマに代わる新しいテーマとして、私は、レーザー干渉計による重力波検出の世界に入ったわけです。

DECIGOが挑むのは「最強の宇宙」の問題

しかし、そのとき重力波源として期待されていた超新星爆発、中性子星連星やブラックホール連星の合体といった天体現象は、やはり天体物理学の研究対象でした。もちろんそれぞれ興味深い現象ですし、重力波の検出そのものが相対性理論の検証という重要な成果になりますから、十分にやりがいのある仕事です。

でもそれは、少年時代の私が自分の拠り所とした「最強の宇宙」ではありません。「舞台」としての地球や太陽や銀河が消えたとしても、最後の最後まで残るもの。それが私にとっての本当の「宇宙」です。

その意味で、DECIGOが秘めた可能性は、私を心の底からワクワクさせるものでした。インフレーションやダークエネルギーは、まさに「最強の宇宙」の問題です。この計画がスタートしたことで、ようやく私は「宇宙論」の分野に研究者として関われるようになったといえるかもしれません。

すでに述べたとおり、インフレーションの実態がわかれば、宇宙の「始まり」に関する理解が一気に深まるでしょう。ダークエネルギーの性質がわかれば、宇宙の「終わり」が見えてくるかもしれません。このまま加速膨張が続けば、宇宙は最終的に引き裂かれるようにして終焉を迎える可能性があるからです。

さらにダークマターは、ビッグバンで誕生した宇宙にどのようにして星や銀河が形成されたのかという問題の鍵を握っています。ダークマターがあったために、その密度が濃い部分に原子が集まり、星が生まれたのではないかと考えられているのです。だとすれば、それは私たち自身の起源ともいえます。

このように、DECIGOによる重力波検出は、誰もが子どものときに考える素朴かつ根源的な疑問――宇宙はどのように始まったのか、自分たちはどこから来てどこへ行くのか――に深く結びついています。

ただし、それですべてがわかるわけでもありません。とくに宇宙の「始まり」については、インフレーションという現象が解明された後にも大きな謎が残ります。インフレーションは「ビッグバンの前」に起きましたが、そこで宇宙が始まったわけではないからです。インフレーションは「急膨張」ですから、それが始まった時点で「これから膨張する宇宙」があったはずなのです。「無」は膨張しません。

インフレーションの前、真の宇宙の始まりを重力波で見る

では、仮にインフレーションが本当にあったとして、「その前」には何が起きたのか。それこそが、真の「宇宙の始まり」です。

宇宙がどのように誕生したのかについては、まだ誰も確たる答えを持っていません。しかし、仮説はいろいろと提案されています。たとえばスティーヴン・ホーキングは、量子論に基づく宇宙誕生のシナリオを考えました。ここではその内容に深く立ち入りませんが、

前にもお話ししたとおり、量子力学では「何もない空っぽの真空」はないと考えます。つまり、「無」のように見えても、そこには何らかの物理的な「ゆらぎ」がある。そのゆらぎから宇宙が誕生する可能性があるという考え方です。

もしそのようなことが起きたとすれば、重力波が出た可能性があります。それを検出する以外に、私たちが宇宙誕生の瞬間を見る方法はありません。その意味で、重力波望遠鏡は「最強の宇宙」を知る上で「最強の道具」ともいえるのです。

もちろん、重力波望遠鏡はまだそこまでのレベルに達していません。米国のLIGOがようやく重力波の検出に成功し、日本のKAGRAはまだ本格的な観測も行っていません。その先にあるDECIGOも、まだまだ準備段階です。

そんな状態でこんな話をするのは、気が早すぎるといわれるかもしれません。しかし宇宙の始まりを見る方法がほかにない以上、DECIGOのさらに先にある重力波望遠鏡の進歩を考えるべきでしょう。

宇宙の起源についてどんなに説得力のある理論が打ち出されても、それが実験や観測で検証されなければ、私たち人類は宇宙を正しく理解したことにはなりません。インフレーションも、実際に見るまでは本当かどうかわからない。「宇宙はどのように生まれたの

［図36］

重力波天文学で、
真の「宇宙の始まり」を
見るのだ！

か」という人類にとって究極の疑問に最終的な答えを出すのは、重力波望遠鏡なのです。

これは、あらゆる学術研究の中でも最大級の目的といえるのではないでしょうか。その大きな目的を達成するために、私たち研究者はさらに高性能の装置をつくる努力をしなければなりません。

そのためにも、まずは、ＫＡＧＲＡを含めた第二世代重力波検出器でできるかぎりの重力波天文学をつくりだし、さらに、装置の性能を高め、新たな感度アップの技術を見いだして「次」へつなげてゆく。自分が生きているあいだに「最強の宇宙」をどこまで見ることができるかはわかりませんが、いつか人類が宇宙誕生の瞬間を目撃できる日が訪れることを信じて、今後も研究を続けていくつもりです。

あとがき

昔、宇宙好きの友人に「宇宙が誕生したときにできた重力波が、いまも我々のまわりに漂っているんだよ。でも我々は鈍いのでそれに気づかないだけなんだ」と説明していたときに、友人はこういいました。

「でも我々自身も、宇宙が誕生したときにできた〝なにか〟からできているんでしょう。我々は我々の存在に気づいているけど、それってもしかしてすごいことなの？」

私は愕然《がくぜん》としました。その瞬間、まるで、宇宙の産声を聞こうとするただの観測者から、宇宙そのものの一部である観測対象に、自分が格上げされたように感じたのです。さらに、友人はつづけました。

「しかし、我々が我々自身の存在に気づくためには、そもそも我々が生まれてくる必要があるよね。もし自分が生まれてこなかったら、自分の存在どころか、この宇宙が存在するということも認識できない。そうすると、自分にとっては、宇宙があろうがなかろうがまったく関係ないんじゃない。考えてみれば、自分が生まれてきて、いま、宇宙の存在を認識しているということは、まさに奇跡が無限大回、重なったようなものだね」と。

さて、本書の執筆のきっかけは、名古屋大学教授の杉山直さんから紹介いただき、二〇一四年五月に行った、朝日カルチャーセンターでの「重力波をKAGRAで捕える！」というタイトルの講演でした。

この講演のお世話をしてくださった朝日カルチャーセンターの神宮司英子さんが、講演後「とってもわかりやすくて面白かったです！」と本当に楽しそうにお声をかけてくださり、そして、「村山斉さんや大栗博司さんの幻冬舎の書籍を担当された編集者の小木田順子さんに紹介してもよろしいですか？」といってくださいました。

かねてより、重力波が検出された暁には、ぜひともそのような本を書きたいと思っていたこともあり、「ぜひお願いします」とこちらからもお願いしました。ちなみに、当時は、重力波の検出まではまだ三年はかかると思っていたので、書き始めるのは少し早いかなとは思いましたが、予想より検出が早まったので、結果的にはちょうどよくなりました。

執筆は、小木田さんとライターの岡田仁志さんと打ち合わせを行いながら進めていきました。途中、やや空白期間はありましたが、何とか重力波検出の報告から半年で上梓にこぎつけることができました。本書を世に生み出してくださった、杉山さん、神宮司さん、小木田さん、岡田さんに感謝いたします。

また、京都大学の瀬戸直樹さんには、本書のドラフトを丁寧に読んでいただき、特に理論の部分について的確なコメントをいただきました。瀬戸さんには、これまでも科学雑誌の重力波記事などを書く際にも、いつもお世話になっています。

また、挿絵は、川村そら（息子）に書いてもらいました。そらには、中学生のころから、私の一般向けの講演に使うさまざまな絵を描いてもらっています。そもそも神宮司さんが「面白かった！」といってくださったのも、八割がたは、それらの絵のおかげではないかと推測しています。ありがとうございました。

最後に、私が行きたいところならどこにでもついていくといってくれる最愛の妻と、「誰にも遠慮せず、親にも遠慮せずに、好きなことを好きなようにやって生きてください」との私の教えを守り、たくましく育ってくれた三人の子どもたちと、おそらくこの本を、父とばあちゃんの遺影が飾ってある神棚におまつりするであろう母に、深く感謝したいと思います。

二〇一六年夏

川村静児

著者略歴

川村静児《かわむらせいじ》

一九五八年高知県生まれ。

土佐高校卒業。

早稲田大学理工学部卒業。

東京大学大学院理学系研究科博士課程修了。

理学博士(東京大学)。

カリフォルニア工科大学Member of Professional Staff、
国立天文台助教授、准教授などを経て、
現在、東京大学宇宙線研究所教授。

専門は重力波物理学。

幻冬舎新書 427

重力波とは何か

アインシュタインが奏でる宇宙からのメロディー

二〇一六年九月三十日 第一刷発行

著者 川村静児
発行人 見城徹
編集人 志儀保博
発行所 株式会社 幻冬舎
〒一五一-〇〇五一 東京都渋谷区千駄ヶ谷四-九-七
電話 〇三-五四一一-六二一一(編集)
〇三-五四一一-六二二二(営業)
振替 〇〇一二〇-八-七六七六四三
ブックデザイン 鈴木成一デザイン室
印刷・製本所 中央精版印刷株式会社

GENTOSHA

Printed in Japan ISBN978-4-344-98426-4 C0295
か-21-1
幻冬舎ホームページアドレス http://www.gentosha.co.jp/
*この本に関するご意見・ご感想をメールでお寄せいただく場合は、comment@gentosha.co.jp まで。

幻冬舎新書

村山斉
宇宙は何でできているのか
素粒子物理学で解く宇宙の謎

物質を作る究極の粒子である素粒子。物質の根源を探る素粒子研究はそのまま宇宙誕生の謎解きに通じる。「すべての星と原子を足しても宇宙全体のほんの4%」など、やさしく楽しく語る素粒子宇宙論入門。

大栗博司
重力とは何か
アインシュタインから超弦理論へ、宇宙の謎に迫る

私たちを地球につなぎ止めている重力は、宇宙を支配する力でもある。「弱い」「消せる」など不思議な性質があり、まだその働きが解明されていない重力。最新の重力研究から宇宙の根本原理に迫る。

大栗博司
強い力と弱い力
ヒッグス粒子が宇宙にかけた魔法を解く

ミクロの世界で働く「強い力」と「弱い力」。ヒッグス粒子の発見により、この二つの力の奥底に隠されていた、自然界の美しい法則が明らかになった。世紀の発見の意義を、ロマンあふれる語り口で解説。

鈴木洋一郎
暗黒物質とは何か
宇宙創成の謎に挑む

星や星間ガスの5倍以上も存在し、宇宙の全質量の4分の1以上を占める「暗黒物質」(ダークマター)。星も銀河も暗黒物質がなければ生まれなかった。暗黒物質探査の最前線に立つ著者がその正体に迫る。

幻冬舎新書

野本陽代

ベテルギウスの超新星爆発

加速膨張する宇宙の発見

ベテルギウスは星としての晩年を迎え、星が一生の最後に自らを吹き飛ばす「超新星爆発」をいつ起こしてもおかしくない。爆発したら何が起こるのか？　人類史上最大の天体ショーをやさしく解説。

鳴沢真也

宇宙人の探し方

地球外知的生命探査の科学とロマン

望遠鏡が受信する電磁波から宇宙人が発したと思われる信号を解析する「地球外知的生命探査」（ＳＥＴＩ）。宇宙人は存在するのか。いつ見つかるのか。日本におけるＳＥＴＩの第一人者が熱くわかりやすく解説。

出口治明

人生を面白くする

本物の教養

教養とは人生を面白くするツールであり、ビジネス社会を生き抜くための最強の武器である。読書・人との出会い・旅・語学・情報収集・思考法等々、ビジネス界きっての教養人が明かす知的生産の全方法。

巽好幸

富士山大噴火と阿蘇山大爆発

３００年以上も沈黙を続ける富士山はいつ噴火するのか。そして富士山よりも恐ろしい、かつて南九州の縄文人を絶滅させた巨大カルデラ噴火とは何か。地震と噴火の仕組みを徹底解説した必読の書。